能力培养型生物学基础课系列实验教材

植物生理学实验教程

（第四版）

范　海　主编

科学出版社
北京

内 容 简 介

本书依据高等师范院校植物生理学教学大纲，坚持教育强国的目标与方针，在多年实践和研究的基础上编写而成。全书分基础性实验、综合性实验和研究性实验三部分，共84个实验，涉及植物生理学的基本原理、基础知识和基本实验技能，以利于培养学生分析问题和解决问题的能力。

本书可以作为高等师范院校生命科学专业实验教材，也可供学生毕业论文实践及农林院校植物生理学相关方向的师生和科研人员参考，亦可供中学生物学教师参考。

图书在版编目（CIP）数据

植物生理学实验教程 / 范海主编. -- 4版. -- 北京 ： 科学出版社， 2025. 1. --（能力培养型生物学基础课系列实验教材）. -- ISBN 978-7-03-079638-7

Ⅰ. Q945-33

中国国家版本馆CIP数据核字第2024SS8186号

责任编辑：朱 灵 / 责任校对：谭宏宇
责任印制：黄晓鸣 / 封面设计：殷 靓

科学出版社 出版
北京东黄城根北街16号
邮政编码：100717
http：//www.sciencep.com
南京展望文化发展有限公司排版
上海锦佳印刷有限公司印刷
科学出版社发行 各地新华书店经销

*

2004年8月第 一 版 开本：B5（720×1000）
2025年1月第 四 版 印张：11
2025年1月第三十一次印刷 字数：202 000

定价：45.00元

（如有印装质量问题，我社负责调换）

能力培养型生物学基础课系列实验教材
专家委员会

《植物生理学实验教程》(第四版)编委会

主　编: 范　海

副主编: 杜希华　宋　杰　隋　娜

编　者: (按姓氏笔画排序)

王文强　刘冉冉　刘国富　刘晓楠
刘家尧　杜希华　李　侠　李师鹏
邱念伟　何启平　宋　杰　宋玉光
张　巽　张永芳　陈　彦　范　海
林　莺　高　珊　郭建荣　隋　娜
程然然　魏一鸣

丛书序

“能力培养型生物学基础课系列实验教材”自2004年出版以来，已经历两次修订再版，走过了20年发展历程，成为全国高校生命科学专业实验教学的重要资源。

作为我国首套系统性的生物学基础课程实验教材，该系列自诞生之初便坚持以培养创新型人才为核心指导思想，始终把握时代脉搏，通过不断改进，推动实验教学创新发展。在本次修订过程中，编写团队秉持“传承与创新”的指导思想，深入总结教材过去版本之所长，并结合教育和学科发展的最新需求，进行全面优化。本次修订不仅是一次内容的更新，更是一场学术传承与思想的升华之旅，力图在保持教材优良传统的基础上，进一步深化创新，以适应新时代的教育目标。

首先，在实验教学体系构建上，教材延续并完善了“基础—综合—研究”三个层次教学结构。2004年，随着教育改革的深化，这套教材率先在国内提出了“基础性、综合性、研究性”递进式的实验模式。这一设计不仅通过基础性实验夯实了学生的实验基本功，还通过综合性实验提升学生独立操作与分析能力，再通过研究性实验鼓励、引导学生进行创新实践和科学探索。20年来，这一模式在高校实验教学中被广泛认可，并为国内生物学实验教材树立了新标准。本次修订，编写团队在保持这一结构的基础上，优化了各层次内容的内在联系和递进设计，使之更加适应学生的实际需求。

其次，教材的系统性和实用性得到了进一步强化。作为我国生物学基础实验的代表性教材,编写团队在编写过程中始终注重跨学科协作与系统整合,避免低层次内容重复,形成了科学严密的知识框架。同时,教材的可操作性经过教学实践的检验,确保了每项实验内容的实用性和有效性。配合实验报告与论文范例,学生能够学习规范的学术写作方法,这些设计有益于增强学生们的科研素养,并为其科研生涯奠定坚实基础。

再次,本次修订在内容上更加紧扣生物学前沿。分子生物学、基因工程等领域的快速发展对生物学教学提出了新的要求,鉴于此,本次修订特别优化了新兴学科和新技术的整合,让学生能够接触到最新的科研成果和实验技术。这一创新不仅更新了教学内容,还通过新的教学模式提升了学生的实验技能和创新思维,满足了现代教育对复合型人才的需求。

最后,在教育改革和全球化的背景下,教材始终站在生物学实验教学的前沿。为适应信息化和国际化的教育趋势,本次修订更加注重培养学生的全球视野和跨学科思维。编写团队始终秉持"教育应更加开放、实践性更强"的理念,通过为高校提供更加优质的实验教学资源,推动生物学课程改革的发展,使我国生物学教育更好与国际接轨。

本套教材凝聚了众多学者与教育工作者的心血,在此要特别感谢发起者和组织者安利国教授及编写团队的卓越贡献。他们凭借深厚的学术造诣和丰富的教学经验,确保了教材的科学性、系统性和前瞻性。感谢所有为教材编写、修订与使用作出贡献的教师和学生,他们为教材的传承与创新打下了坚实基础。

我们相信,本次修订不仅是对过往编写思想的继承,更是对未来发展的大胆探索。期望这套教材能够继续在全国高校实验教学中发挥作用,并为我国生物学人才培养和科学进步作出崭新的贡献。

杨桂文

2022 年秋

第四版前言

《植物生理学实验教程》一书自 2004 年出版以来，先后经过两次修订和多次重印，为许多兄弟院校所采用。随着近几年学科的发展，使用院校根据教学情况提出了一些建议，我们决定对该书再次进行修订。在此我们向兄弟院校的师生和广大读者表示衷心的感谢。

第四版教材对原有实验进行筛选、修订，删减 11 个实验，新增 17 个实验，尤其是增加了一些学科经典实验和近年来科研上新开创的实验。

本书是全体编写人员智慧的结晶，在编写过程中各位编者各尽所能，各司其职；全书最终由范海统稿。

本书与《植物生理学》教材联系密切，特别适合作为高等师范院校生命科学专业的实验教材，同时可供学生毕业论文实践及农林院校植物生理学相关方向的师生和科研人员参考，亦可供中学生物学教师参考。

最后，如果书中存在错误和不妥之处，恳请读者批评、指正，以利后续完善和修订。

主　编

2024 年 7 月

目 录

第一部分 基础性实验

第一章 植物的水分代谢 ……（2）
实验1 蒸腾速率的测定 ……（2）
实验2 光和钾离子对气孔开度的影响 ……（4）
第二章 植物的矿质营养 ……（5）
实验3 植物溶液培养及缺素症的观察 ……（5）
实验4 植物对离子的选择性吸收 ……（7）
实验5 单盐毒害及离子拮抗作用 ……（9）
第三章 光合作用 ……（10）
实验6 叶绿体色素的提取、分离及理化性质的鉴定 ……（10）
实验7 叶绿体的分离制备 ……（12）
实验8 希尔反应的观察 ……（13）
第四章 植物的呼吸作用 ……（15）
实验9 呼吸速率的测定——广口瓶法 ……（15）
实验10 呼吸商的测定(丹尼管法) ……（16）
第五章 植物生长物质 ……（19）
实验11 赤霉素和脱落酸对种子萌发的影响 ……（19）
第六章 植物的光形态建成 ……（21）
实验12 光对植物生长的影响 ……（21）
第七章 植物的生长生理 ……（23）
实验13 种子生活力的快速测定 ……（23）

实验 14　种子萌发过程中淀粉、脂肪、蛋白质的转化 …………………… (27)
第八章　植物的生殖生理 …………………………………………… (30)
实验 15　植物光周期现象的观察 …………………………………… (30)
第九章　植物的成熟与衰老生理 ………………………………… (32)
实验 16　果蔬中有机酸含量的测定 ………………………………… (32)
实验 17　植物激素对器官脱落的调节作用 ………………………… (34)
实验 18　花青素含量的测定 ………………………………………… (36)
第十章　植物的逆境生理 ………………………………………… (38)
实验 19　低温对植物的伤害 ………………………………………… (38)
实验 20　植物组织中丙二醛含量的测定 …………………………… (39)

第二部分　综合性实验

第十一章　植物水分状况的测定 ………………………………… (42)
实验 21　植物含水量的测定 ………………………………………… (42)
实验 22　植物相对含水量的测定 …………………………………… (42)
实验 23　植物组织水势的测定 ……………………………………… (43)
实验 24　植物组织渗透势的测定 …………………………………… (47)
第十二章　氮素缺乏对植物生命活动的影响 …………………… (50)
实验 25　植物体内硝态氮含量的测定 ……………………………… (50)
实验 26　根系体积的测定 …………………………………………… (52)
实验 27　根系活力的测定 …………………………………………… (53)
实验 28　硝酸还原酶的提取和测定 ………………………………… (57)
第十三章　植物光合性能的测定 ………………………………… (60)
实验 29　植物叶片光合速率及其气体交换参数的测定 …………… (60)
实验 30　植物光响应曲线和 CO_2 响应曲线的制作 ……………… (63)
实验 31　Chla 与 Chlb 含量的测定(分光光度法) ………………… (66)
实验 32　乙醇酸氧化酶活性测定 …………………………………… (68)
实验 33　光呼吸速率的测定 ………………………………………… (70)
实验 34　RuBP 羧化酶羧化活性的测定 …………………………… (72)
实验 35　PEP 羧化酶活性的测定 …………………………………… (74)
实验 36　叶绿素荧光动力学技术的应用 …………………………… (76)
第十四章　植物呼吸作用实验技术 ……………………………… (80)
实验 37　植物呼吸速率与交替呼吸速率的测定——氧电极法 …… (80)

实验 38　多酚氧化酶活性的测定 …………………………………（82）
实验 39　抗坏血酸氧化酶活性的测定 ……………………………（84）
第十五章　植物激素的生物鉴定及对生长发育的影响 ……………（86）
实验 40　IAA 和 ABA 的生物鉴定——小麦胚芽鞘法 ……………（86）
实验 41　GA_3、CTK、ABA 对莴苣种子萌发的影响 ………………（88）
实验 42　GA_3 诱导大麦种子 α-淀粉酶的合成 ……………………（89）
实验 43　赤霉素对植物花粉体外萌发的影响 ………………………（91）
第十六章　植物生长物质在生产实践中的应用 ………………………（94）
实验 44　打破休眠与抑制萌发 ………………………………………（94）
实验 45　促进生长与控制徒长 ………………………………………（96）
实验 46　促进插条生根 ………………………………………………（98）
实验 47　选择除草 ……………………………………………………（99）
实验 48　化学杀雄 ……………………………………………………（100）
实验 49　防止落花落果 ………………………………………………（100）
实验 50　切花的延衰保鲜 ……………………………………………（101）
实验 51　黄瓜性别分化 ………………………………………………（103）
实验 52　果实催熟 ……………………………………………………（104）
第十七章　植物组织培养综合实验技术 ………………………………（105）
实验 53　培养基的配制 ………………………………………………（105）
实验 54　灭菌、消毒与接种 …………………………………………（108）
实验 55　植物离体培养的形态发生调控与实验观察 ………………（112）
实验 56　试管植株的驯化与移栽 ……………………………………（115）
第十八章　植物光周期反应类型的测定与光周期诱导的研究 ………（118）
实验 57　植物光周期诱导 ……………………………………………（118）
实验 58　植物光周期反应类型的测定 ………………………………（120）
第十九章　植物成熟与衰老的某些生理生化变化 ……………………（122）
实验 59　ACC 含量的测定 ……………………………………………（122）
实验 60　H_2O_2含量的测定 …………………………………………（123）
实验 61　$O_2^{\cdot -}$ 产生速率与含量的测定 ……………………………（126）
实验 62　H_2DCFDA 染色法测定植物活性氧部位 ……………………（128）
第二十章　逆境条件下植物幼苗的某些生理生化变化 ………………（130）
实验 63　实验材料培养及胁迫处理 …………………………………（130）
实验 64　植物细胞质膜透性的测定(电导率法) ……………………（131）

实验 65　脯氨酸含量的测定 ………………………………………………… (132)
实验 66　SOD 活性的测定 ………………………………………………… (133)
实验 67　过氧化氢酶活性测定 ………………………………………………… (135)
实验 68　还原型谷胱甘肽含量的测定 ……………………………………… (137)
实验 69　谷胱甘肽还原酶活性的测定 ……………………………………… (138)
实验 70　抗坏血酸过氧化物酶活性的测定 ………………………………… (140)
实验 71　质膜 H^+ - ATP 酶水解活性的测定 ……………………………… (141)

第三部分　研究性实验

实验 72　不同浓度的硝态氮对植物根系发育的影响 ……………………… (146)
实验 73　硝态氮(NO_3^- - N)和铵态氮(NH_4^+ - N)对植物生长发育的影响 ……………………………………………………………… (146)
实验 74　验证 NaCl 对盐生植物生长的促进作用 ………………………… (147)
实验 75　C_4 植物的筛选 ……………………………………………………… (147)
实验 76　环境因素对植物光合速率的影响 ………………………………… (148)
实验 77　延长果实贮藏时间 …………………………………………………… (149)
实验 78　观察植物的向性运动 ………………………………………………… (149)
实验 79　NaCl 对种子萌发的影响 …………………………………………… (150)
实验 80　盐分和干旱处理对盐生植物肉质化的影响 ……………………… (150)
实验 81　胡萝卜体细胞胚发生及植株再生体系的建构 …………………… (151)
实验 82　设计无病毒苗培养和产业化生产的具体方案 …………………… (152)
实验 83　植物生长调节物质在农业和林业生产中的应用情况调查 …… (153)
实验 84　脱落酸对植物抗旱性的影响 ……………………………………… (154)

附录 ………………………………………………………………………… (155)
附录 1　常用有机溶剂及其主要性质 ………………………………………… (155)
附录 2　常用的缓冲溶液 ……………………………………………………… (156)
附录 3　植物组织和细胞培养常用基本培养基成分 ………………………… (158)
附录 4　等渗 PEG 浓度表 …………………………………………………… (159)
附录 5　实验报告范文 ………………………………………………………… (160)

参考文献 …………………………………………………………………… (163)

第一部分

基础性实验

第一章　植物的水分代谢

实验 1　蒸腾速率的测定

蒸腾速率是指植物在单位时间内单位叶面积蒸腾掉的水分，是衡量植物需水量的重要指标，受到光照、温度、湿度等许多环境条件的影响。目前测定蒸腾速率的仪器很多，如稳态气孔计(steady state porometer)就是测定蒸腾速率的常规仪器，一般的光合仪也可测定蒸腾速率，下面介绍两种简易的测定离体叶片或枝条蒸腾速率的方法。

1-1　蒸腾计法

【实验原理】

蒸腾计是自制装置，利用酸式滴定管制成，将植物枝条通过橡皮管与盛有水的酸式滴定管连接起来，由于蒸腾作用会引起滴定管中水分的减少，由此可计算蒸腾速率。

【材料与用品】

番茄、向日葵或其他植物的枝条。

叶面积仪、酸式滴定管、滴定管夹、铁架台、橡皮管、剪刀、大烧杯。

【实验步骤】

1. 取番茄、向日葵或其他植物的枝条，取时注意要将枝条基部浸于盛有水的塑料桶中，在水中将植物枝条切下，并将枝条基部的切口修齐。剪下的枝条移入盛有水的大烧杯中备用。

2. 立好铁架台，在滴定管夹的一端装好酸式滴定管。将新煮沸并冷却过的自来水注入酸式滴定管中，注意排水的尖端处也要充满，然后关闭活栓，记录液面刻度。

3. 剪取直径比枝条略细的橡皮管约 30 cm，以其一端套进滴定管的末端，管内同样灌满自来水。管的另一端连在枝条基部，注意管中不能有空气。

4. 将枝条固定在铁架台滴定管夹的另一端。

5. 打开滴定管活栓，注意观察，随着蒸腾作用的进行滴定管中的液面会逐渐下降，同时注意检测装置是否有渗漏。

6. 0.5～1 h 后，关闭活栓，记录液面的下降值，由此可计算单位时间内蒸腾的水分。

7. 剪下叶片，利用叶面积仪测定叶片总面积。

8. 计算单位时间、单位叶面积所蒸腾的水分，即植物的蒸腾速率，单位可用 $g/(m^2 \cdot h)$ 表示。

【注意事项】

1. 剪取枝条时须在水中进行，且保证在转移时枝条基部不暴露于空气中。

2. 注意排出滴定管与橡皮管中的残留气体。

1-2 称重法

【实验原理】

将植物枝条的基部或叶片的叶柄密封在盛有水的三角瓶或试管内，由于蒸腾作用带走水分而引起重量下降，因此通过连续监测体系的重量变化即可测得蒸腾速率。

【材料与用品】

番茄、向日葵或其他植物的枝条。

电子天平(感量 0.1～1 mg)、叶面积仪、三角瓶(或试管)、剪刀、封口膜、大烧杯。

【实验步骤】

1. 在待测植株上选一枝条，将枝条的基部浸入水中将其切下，并将枝条基部的切口修齐。剪下的枝条移入盛有水的大烧杯中备用。

2. 准备三角瓶(或试管)一只，三角瓶中倒入新煮沸并冷却过的自来水。

3. 将枝条插入三角瓶中，并用封口膜密封。

4. 将插有枝条的三角瓶放到电子天平上，记录初始重量，并连续观察重量的变化，在分辨率较高的电子天平上(如 0.1 mg)会观察到读数的连续下降。

5. 约 10 min 后，记录下重量的变化。

6. 同实验 1-1，测量叶面积后计算出植物的蒸腾速率。

【注意事项】

1. 电子天平的灵敏度决定了该实验的精确度，因此应尽量使用灵敏度较高的天平。

2. 该方法尤其适合于测定较小枝条的蒸腾速率。

【思考题】

1. 将植物放到强光、黑暗、有风、密闭等不同的环境条件下测蒸腾速率，了解环境因素对蒸腾速率的影响。

2. 考虑可通过哪些途径来降低植物的蒸腾速率。

实验2 光和钾离子对气孔开度的影响

【实验原理】

在光下,保卫细胞质膜的 H^+-ATP 酶被活化,利用 ATP 水解释放的能量将氢离子泵到保卫细胞外,引起质膜电位的超极化,从而使质膜上的电位依赖性钾离子内整流通道开放,细胞外钾离子大量进入保卫细胞,保卫细胞水势下降,从而使保卫细胞吸水膨胀,气孔开放。

【材料与用品】

盆栽蚕豆(或空心菜、牡丹)叶片。

培养皿、镊子、载玻片、盖玻片、光照培养箱、暗箱、显微镜。

硝酸钾、硝酸钠。

【实验步骤】

1. 配制 0.5%硝酸钾及 0.5%硝酸钠溶液。

2. 准备 6 个培养皿,3 个为一组。一组培养皿放入 0.5%硝酸钾及蒸馏水各 15 mL,另一组放入 0.5%硝酸钠及蒸馏水各 15 mL。

3. 撕取叶片下表皮,分别放入上述两组培养皿中。

4. 将一组培养皿置于光照培养箱中或太阳光下照光,另一组置于暗箱中,各 1～1.5 h。

5. 在显微镜下观察各组气孔的开度。

【实验结果】

注意记录光、黑暗、硝酸钾、硝酸钠对气孔开度的影响。气孔一般在光下和有钾离子的情况下开度最大,钠离子可以代替钾离子使气孔开放,但不如钾离子有效。

【注意事项】

气孔的开放与关闭都需要一定的时间,因此在实验前要将实验用的植物叶片放在暗环境下 2 h 以上。

【思考题】

1. 设计实验观察不同光质对气孔开度的影响。

2. 根据前面的实验,进一步设计验证脱落酸对气孔开放的影响。

第二章　植物的矿质营养

实验 3　植物溶液培养及缺素症的观察

【实验原理】

当植物有适量必需的矿质元素的供应时，才能正常地生长发育，如缺少某一元素，便表现出缺素症。把这些必需的矿质元素用适当的无机盐配成营养液，即能使植物正常生长，这就是溶液培养。

【材料与用品】

高活力玉米(或番茄、向日葵)种子。

烧杯(250 mL、500 mL)、刻度吸管(5 mL、1 mL)、量筒(1 000 mL)、黑色蜡光纸(或黑纸)、精密 pH 试纸(pH 5～6)、搪瓷盘(带盖)、石英砂、培养瓶(陶质盆或塑料广口瓶)、试剂瓶(500 mL)，容量瓶(500 mL、1 000 mL)、电子天平。

硝酸钾、硫酸镁、磷酸二氢钾、硫酸钾、硫酸钠、磷酸二氢钠、硝酸钠、硝酸钙、氯化钙、硫酸亚铁、硼酸、氯化锰、硫酸铜、硫酸锌、钼酸、盐酸、乙二胺四乙酸二钠($EDTA-Na_2$)，以上试剂均需分析纯。

【实验步骤】

1. 培苗

在搪瓷盘中装入一定量的石英砂或洁净的河沙，将已浸泡一夜的玉米(或番茄、向日葵)种子均匀地排列在砂面上，再覆盖一层石英砂或河沙，保持湿润，然后放置在温暖处发芽。第一片真叶完全展开后，选择生长一致的幼苗，小心地移植到各种缺素培养液中，移植时注意勿损伤根系。

2. 配制贮备液

大量元素及铁的贮备液用蒸馏水按表 3－1 分别配制。

微量元素贮备液按以下配方配制：称取 H_3BO_4 2.86 g、$MnCl_2 \cdot 4H_2O$ 1.81 g、$CuSO_4 \cdot 5H_2O$ 0.08 g、$ZnSO_4 \cdot 7H_2O$ 0.22 g、$H_2MoO_4 \cdot H_2O$ 0.09 g，溶于1 L蒸馏水中。

表 3-1 大量元素及铁贮备液配制表

营养盐	浓度/(g/L)	营养盐	浓度/(g/L)
$Ca(NO_3)_2 \cdot 4H_2O$	236	$CaCl_2$	111
KNO_3	102	NaH_2PO_4	24
$MgSO_4 \cdot 7H_2O$	98	$NaNO_3$	170
KH_2PO_4	27	Na_2SO_4	21
K_2SO_4	88	EDTA-Fe { EDTA-Na_2 $FeSO_4$	7.45 5.57

配好以上贮备液后,再按表 3-2 配成完全培养液和缺乏某元素的培养液(用蒸馏水)。

表 3-2 完全培养液和各种缺素培养液配制表

贮备液	每 100 mL 培养液中各种贮备液的用量/mL						
	完 全	缺 N	缺 P	缺 K	缺 Ca	缺 Mg	缺 Fe
$Ca(NO_3)_2$	0.5	—	0.5	0.5	—	0.5	0.5
KNO_3	0.5	—	0.5	—	0.5	0.5	0.5
$MgSO_4$	0.5	0.5	0.5	0.5	0.5	—	0.5
KH_2PO_4	0.5	0.5	—	—	0.5	0.5	0.5
K_2SO_4	—	0.5	0.5	—	—	—	—
$CaCl_2$	—	0.5	—	—	—	—	—
NaH_2PO_4	—	—	—	0.5	—	—	—
$NaNO_3$	—	—	—	0.5	0.5	—	—
Na_2SO_4	—	—	—	—	—	0.5	—
EDTA-Fe	0.5	0.5	0.5	0.5	0.5	0.5	—
微量元素	0.1	0.1	0.1	0.1	0.1	0.1	0.1

3. 浸液培养

取 7 个 1 000 mL 的塑料广口瓶,分别装入配制的完全培养液及各种缺素培养液 900 mL,贴上标签,写明日期。然后把广口瓶分别用黑色蜡光纸(或黑纸)包起来(黑面向里)(或用报纸包 3 层),用 0.3 mm 的橡胶垫做成瓶盖,并用打孔器在瓶盖中间打一个圆孔,把选好的植株去掉胚乳,并用棉花缠裹住茎基部,小心地通过圆孔固定在瓶盖上,使整个根系浸入培养液中,每瓶放 3 株,装好后将培养瓶放在阳光充足、温度适宜(20~25℃)的地方,培养 21~28 d。

4. 观察与记录

实验开始以后每两天观察一次，其间用精密 pH 试纸测试培养液的 pH，如 pH 高于 6，应以稀盐酸调整到 pH5～6 之间（注意记录缺乏必需元素时所表现的症状及最先出现症状的部位）。培养液每 7 d 换一次，为使根部生长良好，最好在盖与溶液之间保留一定空隙，以利通气。待每个缺素培养液中的幼苗出现明显的症状后，将缺素培养液一律更换为完全培养液，观察症状逐渐消失的情况，按表 3－3 记录结果。

表 3－3 实验观察记录表

处理		完全			缺 N			缺 P			缺 K			缺 Ca			缺 Mg			缺 Fe		
编号		1	2	3	1	2	3	1	2	3	1	2	3	1	2	3	1	2	3	1	2	3
地上	株高																					
	叶数																					
	叶色																					
	茎色																					
地下	根数																					
	根长																					
	根色																					
受害情况																						

【思考题】

1. 为什么说溶液培养是研究植物矿质营养的重要方法？

2. 阐明哪些矿质元素缺乏症状首先呈现在嫩叶中，而哪些呈现在老叶中，并分析其原因。

3. 培养液经常通气有何意义？

4. 营养液用 EDTA－Fe 有何优点？如用一般铁盐，溶液 pH 高时有何不利？

5. 比较溶液培养和砂基培养的优缺点。

实验 4 植物对离子的选择性吸收

【实验原理】

植物根对不同离子的吸收量是不同的，即使是同一种盐类，对其阳离子与阴离子的吸收量也不相同。本实验即利用植物对不同盐类的阴、阳离子吸收量的不同，从而改变溶液的 pH 来确定这一吸收特性,该实验使学生理解植物对离子的选择性吸收特性,并了解什么是生理酸性盐、生理碱性盐和生理中性盐。

【材料与用品】

预先在自来水中培养好的根系茂盛的洋葱鳞茎(或小麦等其他植物)。

pH 计(或精密 pH 试纸)、广口瓶(或其他培养用的器具)、试剂瓶、量筒、烧杯、洗瓶、吸水纸、移液管。

0.01 mg/mL $(NH_4)_2SO_4$ 溶液、0.01 mg/mL $NaNO_3$ 溶液。

【实验步骤】

1. 材料准备

在实验前约 21 d 培养具有完整根系的植物。

2. 测定溶液的原始 pH

实验开始时吸取浓度为 0.01 mg/mL 的$(NH_4)_2SO_4$ 和 $NaNO_3$ 各 150 mL,分别置于两个 200 mL 的广口瓶中,在第三个广口瓶中放蒸馏水 150 mL,然后用 pH 计(或精密 pH 试纸)测定以上溶液或蒸馏水的原始 pH。

3. 测定植物吸收离子之后溶液的 pH

取 3 株根系发育完善的、大小相似的洋葱(或小麦等其他植物),分别放于上述 3 个广口瓶中,在温室下培养 3~7 d 后用 pH 计(或精密 pH 试纸)测溶液的 pH,实验结果按表 4-1 记录。

表 4-1 植物从盐溶液中吸收离子前后溶液的 pH 的变化

处理	pH	
	放植株前	放植株后
0.01 mg/mL $(NH_4)_2SO_4$		
0.01 mg/mL $NaNO_3$		
蒸馏水		

【注意事项】

1. 材料应生长良好、大小一致、根系发达。

2. 为了避免根系的分泌作用影响实验结果,故用蒸馏水做对照,将上述 pH 变化加、减在蒸馏水中的 pH 即得真实的 pH 变化。

【思考题】

1. 何谓生理酸性盐、生理碱性盐?

2. 从实验结果分析中可得出什么结论?

3. 实验中生理中性盐用何种试剂最好?

实验 5　单盐毒害及离子拮抗作用

【实验原理】

矿质离子特别是阳离子,对原生质的特性和生理机能有巨大影响。当某一种离子单独存在时,常能破坏原生质的正常状态而发生毒害作用;如果在单盐溶液中,加入少量的其他盐类,则产生拮抗作用而减轻毒害。

【材料与用品】

实验前 3～5 d 选取饱满的小麦(或水稻)种子 100 粒浸种,放在培养箱中培养,待根长 1 cm 时即可用作实验材料。

白瓷杯、蜡纸(每张大小以能蒙住瓷杯口为准)、烧杯、量筒、细沙。

0.12 mol/L NaCl 水溶液(A 液)、0.12 mol/L $CaCl_2$ 水溶液(B 液)、0.12 mol/L KCl 水溶液(C 液)、A 液 100 mL+B 液 1 mL(D 液)、A 液 100 mL+B 液 1 mL+C 液 12.2 mL (E 液)(所有试剂均为分析纯)。

【实验步骤】

1. 取白瓷杯 4 只,分别倒满 A、B、D、E 4 种溶液,贴上标签。

2. 取蜡纸 4 张,在每张蜡纸中央各打 5 个孔(间距相等),孔的直径与小麦(或水稻)芽鞘近似(宁小勿大)。

3. 挑选真叶未出、大小相等、根系生长一致的小麦(或水稻)幼苗 20 株,在蜡纸的每个孔眼中种上一株,(小心地使小麦芽鞘由下而上从小孔中穿出)将蜡纸盖在 4 个瓷杯上,使小麦的根系完全浸入溶液,然后用细绳缚紧蜡纸放在光照培养箱中进行培养(温度控制在 25～28℃),随时补加蒸馏水以保持杯内溶液的水平,7 d 后观察结果并按表 5-1 记录。

表 5-1　实验结果记录表

溶　液	生　长　情　况		
	每株鲜重/mg	每株根数/个	每株根的总长度/cm
A 液(NaCl)			
B 液($CaCl_2$)			
D 液(NaCl+$CaCl_2$)			
E 液(NaCl+$CaCl_2$+KCl)			

【思考题】

1. 什么是单盐毒害和离子拮抗作用?

2. 根据实验结果分析 Ca^{2+} 和 K^{+} 对原生质胶体黏度的影响。

第三章　光 合 作 用

实验6　叶绿体色素的提取、分离及理化性质的鉴定

【实验原理】

叶绿体色素是植物吸收太阳光能进行光合作用的重要物质，主要由叶绿素a(Chla)、叶绿素b(Chlb)、胡萝卜素和叶黄素组成。从植物叶片中提取和分离叶绿体色素是对其认识和了解的前提。利用叶绿体色素能溶于有机溶剂的特性，可用95%乙醇提取。

分离色素的方法有多种，如纸层析、柱层析等。纸层析是其中较简单的一种。当溶剂不断地从层析滤纸上流过时，由于混合色素中各种成分的极性不同，在两相(即流动相和固定相)间具有不同的分配系数，它们的移动速度不同，使样品中的各种成分得到分离。

植物叶绿体色素有许多重要理化性质，了解它们有助于对其生理功能的认识。

【材料与用品】

新鲜的菠菜(或芹菜、油菜)，也可以从校园内采集其他植物的新鲜绿叶。

大试管、电子天平、研钵、剪刀、量筒、漏斗、分液漏斗、软木塞、烧杯、滤纸、小试管(若干)、分光计、酒精灯、洗耳球、移液管、电吹风、毛细管。

95%乙醇、$CaCO_3$、石英砂、汽油、苯、KOH、甲醇、乙酸铜、乙酸锌、盐酸。

【实验步骤】

1. 叶绿体色素的提取与分离

(1) 称取新鲜去大叶脉的菠菜叶片(或芹菜、油菜等其他植物的新鲜绿叶)5 g，剪碎放入研钵中，加入乙醇5 mL、少许$CaCO_3$和石英砂，研磨成匀浆，再加入适量的乙醇(20～25 mL)，然后用漏斗过滤，即得叶绿体色素液。

(2) 取准备好的滤纸条(2 cm×20 cm)，将其一端剪去两侧，中间留一个长约1.5 cm、宽约0.5 cm的窄条。

(3) 用毛细管吸取叶绿体色素提取液点于滤纸的下端窄条的上方中央，注意

一次所点溶液不可过多，如色素过淡，用电吹风吹干后再重复4～5次。

(4) 在大试管中加入汽油5～10 mL(或其他层析液，如石油醚∶丙酮∶苯体积比为20∶2∶1的混合溶液)，然后将滤纸条上端固定在软木塞上，插入试管内，使窄条进入溶液中(色素点要略高于液面，滤纸条边缘不可碰到试管壁)，盖紧软木塞，直立于阴暗处(或试管外套一黑纸套)。

(5) 经0.5～1 h后，观察分离后色素带的分布，从上至下依次为：胡萝卜素(橙黄色)、叶黄素(黄色)、叶绿素a(蓝绿色)和叶绿素b(黄绿色)。

2. 叶绿体色素的理化性质

(1) 叶绿素的荧光现象：取叶绿体色素提取液少许于1支试管中，用反射光和透射光观察提取液的颜色有何不同，反射光下观察到的提取液颜色即为叶绿素产生的荧光颜色。

(2) 光对叶绿素的破坏作用：取叶绿体色素提取液少许，分装于两支试管中，一支放在黑暗处(或用黑纸套包裹)，另一支放在强光下(阳光下)，经过2～3 h后，观察两支试管中溶液的颜色有何不同。

(3) Cu^{2+}或Zn^{2+}在叶绿素中的替代作用：取叶绿体色素提取液少许于试管中，逐滴加入浓盐酸直至溶液出现褐绿色，此时，叶绿素分子形成去镁叶绿素。然后加入乙酸铜或乙酸锌晶体少许，于酒精灯上慢慢加热溶液，则可以产生鲜亮的绿色。这表明Cu^{2+}或Zn^{2+}已经取代了叶绿素分子中原来的Mg^{2+}的位置。

(4) 黄色素(胡萝卜素和叶黄素)与绿色素(叶绿素)的分离：取叶绿体色素提取液5 mL，加到盛有2 mL 20% KOH甲醇溶液的分液漏斗中，摇动分液漏斗，加入1 mL水，再加入5 mL苯，轻轻摇动分液漏斗，静置片刻，溶液即分为两层(上层是黄色素，下层是绿色素)，分别保存于试管中。

(5) 观察色素溶液的吸收光谱：

1) 调节分光计，观察电灯的光谱。

2) 观察色素乙醇提取液的选择吸收光谱。

3) 观察黄色素苯萃取液的选择吸收光谱。

4) 观察皂化叶绿素甲醇溶液的选择吸收光谱。

5) 观察被光破坏的叶绿体色素的乙醇溶液，试与2)作比较。

6) 观察Mg^{2+}被Cu^{2+}或Zn^{2+}取代的色素溶液的选择吸收光谱。

【注意事项】

观察反射光最好是在一个黑暗的环境中，用一束强光照射试管进行观察。

【思考题】

1. 画图说明所得到的叶绿体色素纸层析结果。

2. 研磨提取叶绿体色素时加入 $CaCO_3$ 和石英砂各有什么作用?

3. 通过本实验内容,对学习"光合作用"有哪些帮助?

4. Cu^{2+} 在叶绿素分子中的替代作用,对制作绿色标本有何指导意义?

实验 7　叶绿体的分离制备

【实验原理】

利用叶绿体直径和沉降系数与其他细胞器不同的特点,通过离心机进行分级分离。研磨叶片得到的匀浆,经过滤、离心可制备叶绿体。叶绿体的被膜比较脆弱,分离叶绿体应在等渗的缓冲溶液中、0~4℃温度下进行。由于叶绿体活力会随着离体时间延长而不断下降,因此分离工作尽可能在短时间内完成。

【材料与用品】

菠菜或其他绿色植物新鲜叶片。

冰箱、离心机、天平、显微镜、pH 计、研钵、量筒、移液管、离心管、脱脂纱布等。分离器皿都须在 0℃下预冷。

分离介质:称取 0.33 mol/L 山梨醇 60 g、50 mmol/L Tris - HCl(或 Tricine, pH 7.6)6.06 g、5 mmol/L $MgCl_2$ 1 g、10 mmol/L NaCl 0.6 g、2 mmol/L EDTA - Na_2 0.77 g、2 mmol/L 异抗坏血酸钠 0.4 g,溶解后用 1 mmol/L HCl 调 pH 至 7.6,定容至 1 000 mL。

测定介质Ⅰ:称取 0.33 mol/L 山梨醇 60 g、2 mmol/L $MgCl_2$ 0.2 g、2 mmol/L $MnCl_2$ 0.2 g、4 mmol/L EDTA - Na_2 0.75 g、10 mmol/L $Na_4P_2O_7$ 2.23 g、100 mmol/L Tris - HCl(pH 7.6)6.06 g,溶解后用 1 mmol/L HCl 调 pH 至 7.6,定容至 500 mL。

测定介质Ⅱ:将测定介质Ⅰ稀释 1 倍。

【实验步骤】

1. 选用生长健壮,最好是连续几个晴天下生长的菠菜叶片,洗净后去除叶柄和中脉。

2. 取预冷的菠菜叶片 10 g,撕碎后放入研钵,研磨时加入在冰箱中预冷的分离介质 20 mL 及少量石英砂。手工快速研磨 30~60 s,注意不要用力过猛,也不必研磨过细,叶片磨成小块时即可,研磨后将匀浆用 4 层新纱布过滤。

3. 将滤液装入预冷过的两个离心管,经天平平衡后,1 000 r/min 离心 2 min,弃沉淀。

4. 上清液 3 000 r/min 离心 5 min,弃上清液,沉淀即为叶绿体。

5. 将沉淀分成两份，分别用 0.35 mol/L NaCl 溶液和 0.035 mol/L NaCl 溶液各 10 mL 悬浮，使叶绿体分别处于等渗溶液、低渗溶液中，即得到完整叶绿体和破碎叶绿体。

6. 用滴管吸取少量完整叶绿体或破碎叶绿体悬浮液，加少量测定介质Ⅱ稀释，置显微镜(400～600 倍)下，观察叶绿体的形态。

【注意事项】

1. 叶片研磨时速度要快，迅速离心。

2. 制备叶绿体悬液时，加入悬浮介质速度要缓慢，以便保持叶绿体的完整性。

【思考题】

分离制备叶绿体时，还可以从哪些技术方面保证叶绿体的完整性?

实验 8　希尔反应的观察

【实验原理】

希尔反应(Hill reaction)是希尔(R.Hill)用光照射加有草酸铁钾等的叶绿素悬浊液时，发现 Fe^{3+} 被还原成 Fe^{2+} 并放出 O_2，这是光合作用中的重要现象，证明了光合作用是一个氧化还原反应，同时证明释放的氧气来自水。该反应中草酸铁钾物质被称为希尔氧化剂，类似的物质还有 2,6 -二氯酚靛酚、苯醌、$NADP^+$、NAD^+ 等，反应式为：

$$4Fe^{3+} + 2H_2O \xrightarrow[\text{叶绿体}]{\text{光}} 4Fe^{2+} + 4H^+ + O_2$$

氧化剂 2,6 -二氯酚靛酚是一种蓝色染料，接受希尔反应的电子和 H^+ 后被还原成无色，可以直接观察颜色的变化，也可用分光光度计精确测定反应前后染料吸光度的变化，以确定还原量，反应变化在 4～5 min 内呈线性关系。

O, Cl, Cl, N, OH + CH_2OH—COOH 乙醇酸 → OH, Cl, Cl, NH, OH + CHO—COOH 乙醛酸

氧化型二氯酚靛酚
(蓝色)

还原型二氯酚靛酚
(无色)

【材料与用品】

新鲜菠菜叶片。

离心机、研钵、天平、纱布、试管。

提取介质：50 mmol/L Tris - HCl 缓冲液(pH 7.5，内含 0.4 mol/L 蔗糖、10 mmol/L NaCl)、0.1% 2,6 -二氯酚靛酚钠。

石英砂。

【实验步骤】

1. 取新鲜菠菜叶片，剪去粗大的叶脉并剪成碎块，称取 10 g 放入研钵中，加 10 mL 预冷的提取介质(可分 2 次加入)和少许石英砂，冰浴中迅速研磨成匀浆，再加 10 mL 提取介质，用 4 层纱布将匀浆过滤于一离心管中，4℃下 700*g* 离心 3 min，离心后弃沉淀，将上清液于 4℃下 1 500*g* 离心 8 min，弃上清液，所得沉淀即为完整叶绿体。用提取介质使叶绿体悬浮，适当稀释后使溶液在 660 nm 处的 OD 值达 1.0 左右，置冰浴中备用。

2. 取试管两支，每支试管中加入提取介质 4.5 mL，加入叶绿体悬浮液0.5 mL。

3. 加入 0.1% 2,6 -二氯酚靛酚钠溶液 5～6 滴，摇匀。将其中一支试管置于直射光下，另一支试管置于暗处，注意日光下的试管中溶液颜色的变化。5～8 min 后，将置于暗处的试管取出，比较两试管溶液颜色变化，并解释原因。

【注意事项】

加入 2,6 -二氯酚靛酚钠溶液后要立即摇匀，再放在光下和黑暗中进行比较。

【思考题】

光下试管中蓝色褪色的原因是什么？

第四章　植物的呼吸作用

实验9　呼吸速率的测定——广口瓶法

【实验原理】

在密闭容器中加入一定量碱液[一般用 $Ba(OH)_2$]，并悬挂植物材料，则植物材料呼吸放出的 CO_2 可为容器中 $Ba(OH)_2$ 所吸收，然后用草酸滴定剩余的 $Ba(OH)_2$，从空白和样品二者消耗的草酸溶液之差，可计算出呼吸释放的 CO_2 量，其反应式如下：

$$Ba(OH)_2 + CO_2 \rightarrow BaCO_3 \downarrow + H_2O$$

$$Ba(OH)_2 + H_2C_2O_4 \rightarrow BaC_2O_4 \downarrow + 2H_2O$$

【材料与用品】

吸胀的、芽长0.5 cm左右的小麦种子。

广口瓶装置、电子天平、酸式滴定管、滴定管架。

1/44 mol/L草酸溶液（准确称取重结晶 $H_2C_2O_4 \cdot 2H_2O$ 2.865 1 g，溶于蒸馏水中，定容至1 000 mL，每mL相当于1 mg CO_2）、0.05 mol/L $Ba(OH)_2$ 溶液[$Ba(OH)_2$ 8.6 g或 $Ba(OH)_2 \cdot 8H_2O$ 15.78 g溶于1 000 mL蒸馏水中，如有浑浊待溶液澄清后使用]、酚酞指示剂（称取1 g酚酞，溶于100 mL 95%乙醇中，贮于滴瓶中）。

【实验步骤】

1. 制作广口瓶装置

取500 mL广口瓶两只，瓶口加一个三孔橡皮塞：第1个孔插入装有碱石灰的干燥管，以吸收进入瓶内空气中的 CO_2；第2个孔插入温度计；第三个孔供滴定用，实验时插一个小橡皮塞。瓶塞下悬挂一个尼龙纱筐供装植物材料用（图9-1）。

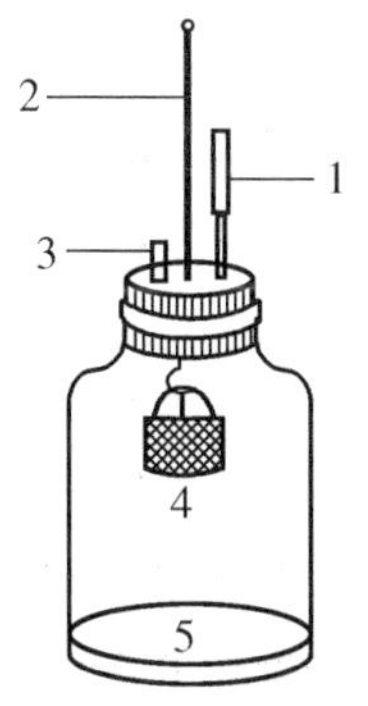

图9-1
广口瓶装置

1. 碱石灰；2. 温度计；3. 小橡皮塞；4. 尼龙纱筐；5. 碱液

2. 空白滴定

拔出两广口瓶的小橡皮塞，分别向瓶中加入 $Ba(OH)_2$ 溶液 20 mL,再塞进瓶塞。充分摇动广口瓶几分钟,待瓶内 CO_2 全部被吸收后,拔出小橡皮塞,加入 3 滴酚酞,把酸式滴定管插入孔中用草酸溶液进行滴定至红色刚刚消失为止,记下草酸溶液用量,即为空白滴定值。

3. 材料滴定值的测定

倒出废液,先用自来水,再用煮沸并冷却过的蒸馏水洗净广口瓶,重加 20 mL $Ba(OH)_2$ 溶液于两广口瓶中。取吸胀的小麦种子 100 粒,称出重量装入一个广口瓶的小筐中,迅速挂于橡皮塞下,塞好塞子。另取 100 粒芽长 0.5 cm 左右的小麦种子,称出重量装入另一个广口瓶的小筐中,操作同前。开始记录时间,其间轻轻摇动数次有利于 CO_2 被充分吸收,经30 min后迅速打开瓶塞取出小筐,立即塞紧。拔出小橡皮塞,加入 3 滴酚酞,用草酸滴定同前,记录草酸溶液用量,即为材料滴定值。

4. 计算呼吸速率

$$呼吸速率=\frac{空白滴定值-材料滴定值}{FW\times t}$$

式中,呼吸速率单位是 mg/(g・h);FW 为植物组织鲜重,单位是 g;t 为时间,单位是 h。

【思考题】

1. 比较两种材料呼吸速率的差异并分析其原因。
2. 哪些因子能影响呼吸速率?
3. 你认为该实验存在哪些不足?

实验 10　呼吸商的测定(丹尼管法)

【实验原理】

呼吸作用放出的 CO_2 和吸收的 O_2 体积或物质的量之比称为呼吸商(respiratory quotient,RQ)。呼吸商是反映呼吸底物性质和氧气供应状况的指标。在底物完全氧化的情况下,呼吸商的大小因呼吸作用消耗的底物不同而异,若以碳水化合物为底物时,呼吸商等于 1;以有机酸为底物时,呼吸商大于 1;以油类、蛋白质为底物时,呼吸商则小于 1。

本实验是利用特殊的装置——丹尼管(Denny tube)测定呼吸商的。在反应瓶中加碱除去 CO_2 测得材料呼吸所吸收的 O_2 体积,而不加碱测得吸收的 O_2 与放出的 CO_2 两者体积之差,然后利用公式 $RQ=V_{CO_2}/V_{O_2}$,通过计算求得呼吸商。

【材料与用品】

发芽的小麦、花生或大豆种子。将种子在室温下用水浸泡 12 h,转入铺有纱布并用水湿润的瓷盘中，于 20℃培养箱中萌发 48～96 h。

丹尼管、500 mL 广口瓶、量筒、玻璃活塞开关、橡皮塞、尼龙窗纱、橡皮管、大型玻璃缸等。

20%的 NaOH 溶液。

【实验步骤】

1. 安装丹尼管

按图 10－1 安装丹尼管。丹尼管是一底部相连通的内外套管，内外管都有刻度，外管的上端分两支管，一支管上有玻璃活塞开关，另一支管与呼吸瓶相连。呼吸瓶为 500 mL 的广口瓶，其中吊挂有尼龙小篮，篮中放有待测定的样品，整个装置放在一恒温大型玻璃缸中。

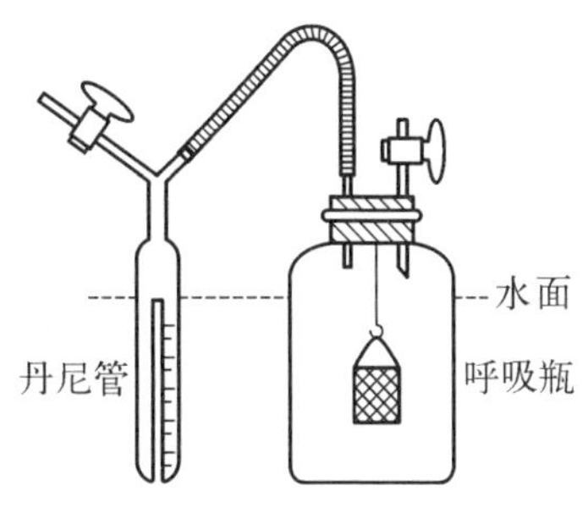

图 10－1　测定发芽种子呼吸商的装置

2. 测定呼吸作用吸收的 O_2 与呼出的 CO_2 体积差

将全部活塞打开，小心向量筒内加水，使得外界的水面恰至内管口，切不可过量以免水流入丹尼管外管中。待温度恒定后关闭所有活塞，使丹尼管外管与呼吸瓶共同构成与外界不相通的密闭系统。立即记下时间，然后在密闭系统内，如果种子呼吸作用吸收的 O_2 比放出的 CO_2 多，则密闭系统内体积减小，水便由丹尼管内管上口流入外观，流入外管水的体积，即表示密闭系统体积减小的数值。经 30 min 后，打开活塞，就可以直接从丹尼管上的刻度知道吸收 O_2 与放出 CO_2 的体积之差，用 A 表示。

3. 测定呼吸作用吸收的氧气

把呼吸瓶的塞子打开，加入 20% NaOH 溶液 30 mL，按上述方法与未加 NaOH 的操作相同，再测定一次。注意两次测定时间的长短和温度高低都要相同。加入 NaOH 的目的是使呼吸放出的 CO_2 全部被吸收，所以得到的读数是吸收的 O_2 的体积，用 B 表示。

4. 结果计算

按下式计算呼吸商：

$$呼吸商(RQ)=(B-A)/B$$

【注意事项】

1. 实验仪器安装好后，在开始实验前，要检查气密性，利用手摸法或吹气法检查整个装置是否漏气。

2. 在整个实验过程中,要保持测定仪器周围环境温度与气压的恒定。

【思考题】

1. 影响呼吸商的因素有哪些?
2. 比较发芽的小麦、花生和大豆呼吸商的大小。

第五章　植物生长物质

实验11　赤霉素和脱落酸对种子萌发的影响

【实验原理】

植物个体在发育过程中，生长和代谢都暂时处于极不活跃的状态，这种现象就是休眠。休眠可分为芽休眠和器官休眠。引起芽休眠和贮藏器官休眠的原因主要是抑制物的存在。赤霉素（如 GA_3）可以诱导淀粉酶的合成，具有打破休眠、促进萌发的作用；脱落酸（abscisic acid, ABA）却抑制蛋白质和核酸的合成，抑制萌发，促进休眠。蔬菜种子和其他贮藏器官也有休眠习性。例如，芸薹类蔬菜种子、莴苣种子、马铃薯块茎等，生产上常用 GA_3 来打破休眠。

【材料与用品】

油菜种子。

直尺、滤纸、培养皿、培养箱。

100 mg/L GA_3 母液、250 mg/L ABA 母液。

【实验步骤】

1. 用 GA_3 母液配制浓度分别为 10 mg/L、25 mg/L、50 mg/L、100 mg/L 的 GA_3 溶液；用 ABA 母液配制浓度分别为 0.25 mg/L、2.5 mg/L、25 mg/L、250 mg/L 的 ABA 溶液。

2. GA_3 对种子萌发的影响：选取油菜种子，分 5 份，每份 100 粒，取 5 个铺有滤纸的培养皿，分别用 5 mL 水（对照）和不同浓度 GA_3 溶液浸湿滤纸，用镊子将种子均匀地放在滤纸上，盖上培养皿盖，放在 25℃的培养箱中暗培养 48 h。注意实际实验时每种浓度处理务必设置 3 组以上重复。

3. ABA 对种子萌发的影响：操作方法与 2 相同，培养皿中换为 ABA 溶液。

4. 统计不同处理种子的萌发率，对实验结果进行分析。

【结果分析】

1. 记录实验结果

将实验结果记录在表 11－1、表 11－2 中。

表 11－1　GA_3 实验测量统计表

测量项目	GA_3 浓度/(mg/L)				
	100	50	25	10	0(CK)
种子总数/粒					
萌发种子数/粒					
萌发率/%					

表 11－2　ABA 实验测量统计表

测量项目	ABA 浓度/(mg/L)				
	250	25	2.5	0.25	0(CK)
种子总数/粒					
萌发种子数/粒					
萌发率/%					

2. 分析

(1) 计算萌发率：以胚根>种子半径为标准。

(2) 分析不同浓度的 GA_3 对种子萌发率的影响。

(3) 分析不同浓度的 ABA 对种子萌发率的影响。

【注意事项】

1. 制作浓度梯度时，摇匀后再量取，由高到低进行稀释。

2. 在培养皿中平铺滤纸。

【思考题】

1. 试解释赤霉素和脱落酸影响种子的萌发原因。

2. 赤霉素具有哪些生理作用？请设计实验证明。

第六章 植物的光形态建成

实验 12 光对植物生长的影响

【实验原理】

光不仅是植物光合作用的能量来源,还对植物生长有直接作用。光在植物的分化、生长、发育的各个进程中起调节控制作用,这些调控作用表现在分子、细胞、组织和器官各个水平层次的变化上,称为光形态建成,又称为光控发育。本实验就是通过观察不同时间的光照和黑暗处理对植物形态建成的影响,从而了解光是植物生长必要条件之一。

【材料与用品】

豌豆或其他植物种子。

大培养皿、培养罐、暗室、细沙、恒温培养箱等。

【实验步骤】

1. 浸种后将种子放入大培养皿中,置于培养箱在 25～28℃培养发芽 3～5 d。

2. 取培养罐 4 个(分别编号)盛满细沙,将发芽一致的种子埋入沙中,浇水(以湿润为宜),分别作如下处理。

处理Ⅰ:整个实验期间,植物均放在暗室培养。

处理Ⅱ:同上条件,每天移至光照下 20 min。

处理Ⅲ:上条件,每天移至光照下 1 h。

处理Ⅳ:整个实验期间,置于自然光照下培养。

实验期间注意保持适当的温度和土壤水分,2～3 周后(根据实验期间温度而定),观察各处理植株高度、节间长度和叶子展开情况。

3. 按表 12-1 记录实验结果,比较暗处理与不同光照时间处理的植株长势、形态、节间数、叶子展开情况、叶色表现有何不同,并简述其原因。

表 12－1　不同光、暗处理对植物生长的影响

处　理	植株高度/cm	节间长度/cm	叶色、叶子展开等情况描述
1号			
2号			
3号			
4号			

【注意事项】

各处理除了光照时间外，其余培养条件尽量保持一致。

【思考题】

除了形态变化外，不同处理的植株生理上还可能有些什么变化？为什么？

第七章　植物的生长生理

实验 13　种子生活力的快速测定

种子生活力是指种子能够萌发的潜在能力或种胚具有的生命力，再调种和播种之前，应及时了解种子的生活力，以确定能否调种和播种。本实验介绍快速测定种子生活力的四种方法。

13－1　溴百里酚蓝法(BTB 法)

【实验原理】

凡活细胞必有呼吸作用，吸收空气中的 O_2，放出 CO_2，CO_2 溶于水成为 H_2CO_3。H_2CO_3 解离为 H^+ 和 HCO_3^-，使得种胚周围环境的酸度增加。用溴百里酚蓝(bromothymol blue，BTB)可测定酸度的改变。BTB 的变色范围为 pH 6.0～7.6，酸性呈黄色，碱性呈蓝色，中间经过绿色(变色点为 pH 7.1)。种子呼吸使种胚周围形成黄色晕圈，根据晕圈大小可判定种子活力的大小。色泽差异显著，易于观察。

【材料与用品】

小麦种子。

恒温箱、培养皿、天平、烧杯、镊子、漏斗、滤纸。

0.1% BTB 溶液：称取 BTB0.1 g，溶解于煮沸过的自来水中(因配制指示剂的水应为微碱性，使溶液呈蓝色或蓝绿色，而蒸馏水为微酸性不宜用)，然后用滤纸去残渣。滤液若呈黄色，可加数滴稀氨水，使之变为蓝色或蓝绿色，此液可长时期贮存于棕色瓶中。

1% BTB 琼脂凝胶：取 0.1% BTB 溶液 100 mL 置于烧杯中，加入 1 g 琼脂粉，用小火加热并不断搅拌。待琼脂完全溶解后，置于温水中保温备用。

BTB 指示剂具备以下特点：① 易溶于水；② 对种胚无毒或毒性甚微，不妨碍种子进一步发芽；③ 变色点位于中性，少量的 CO_2 就足以产生反应，变化明显。

【实验步骤】

1. 浸种

为了增强种胚的呼吸强度，使反应迅速而鲜明，必须预先充分浸种。取小麦种子 50 粒，在 30～50℃条件下，浸种 3～5 h(籼稻如矮南 1 号，浸种 6～8 h；粳稻如苏稻 2 号、糯稻如虹糯则需浸种 24 h 以上)。

2. 播种

将充分吸胀的种子整齐排列于培养皿的中央。种子的间距应大些，使各种子的胚部相互离开。务必使种子的胚部都向下、腹沟向上，稻种可平放。当琼脂凝胶温度降至 40℃时，沿玻棒仔细倒入各种子之间，成一均匀薄层(0.2～0.4 cm 为宜)，使种胚埋没于胶层之中。胶层过厚透射光下会产生红色，妨碍正常计数。

3. 观察及计数

将培养皿放于 30～50℃条件下，当小麦经 1～2 h 和稻谷经 2～4 h 后，就可对光观察，并初次计数(观察时要从透射光下看)；在蓝色背景下，凡局限于种胚附近，出现较深黄色晕圈的是活种子，无黄色晕圈的可能是死种子；小麦与籼稻经 4～8 h，粳稻与糯稻经 15～20 h 再次观察结果并计数。

4. 对比观察

用沸水杀死吸涨的种子，与正常种子进行对比观察，方法同上。

5. 测定发芽率

BTB 法计数后，可将小麦种子种胚翻转向上，或是稻种胚外露，数日后，测定其真实发芽率。

【注意事项】

1. 排列种子时，种子的胚部互不接触，通常直径 10 cm 的培养皿不宜排列超过 50 粒种子；种子的胚部向下、腹股向上，这是决定实验效果的关键。

2. 如果要计算准确的发芽率，需要测定大量的种子。

13－2 氯化三苯基四氮唑法(TTC 法)

【实验原理】

氧化还原物氯化三苯基四氮唑(2,3,5-triphenyltetrazolium chloride，TTC)具有溶于水中呈无色，被氢还原后生成红色的不溶于水的三苯基甲臜(TTF)的特性。用 TTC 的水溶液浸泡切开的种子，使之渗入种子内，如果种子具有活力，其中的脱氢酶就可以将 TTC 作为受氢体使之还原成为红色的 TTF；如果种子死亡便不能染色；因此可以根据种子染色的深浅程度来鉴定种子的活力。具体反应式如下：

$$\text{TTC} + 2H^{+} \longrightarrow \text{TTF} + H^{+}$$

TTC　　　　TTF

【材料与用品】

玉米种子。

培养皿、镊子、刀片。

0.5% TTC溶液：称取0.5 g TTC，加少许95%乙醇使其溶解，然后用蒸馏水稀释至100 mL，溶液避光保存。

【实验步骤】

1. 浸种

同BTB法。

2. 显色

取已吸胀的种子50粒，沿胚和中线切为两半，将一半置于培养皿中，加入0.5% TTC溶液(以淹没种子为度)，染色0.5～1 h。

染色后倒出TTC溶液，再用清水冲洗种子1～2次，观察种胚被染色的情况：凡种胚被染成红色的即为具有生命力的种子(活种子)；种胚不被染色的为死种子；如果种胚中非关键性部位(如子叶的一部分)被染色，而胚根或胚芽的尖端不染色则属于不能正常发芽的种子。

3. 计算结果

记录活种子数，计算活种子的百分率。

【注意事项】

1. TTC溶液现用现配，若显红色不能再用。

2. 染色结束后要立即进行鉴定，因放久会褪色。

13-3　红墨水染色法

【实验原理】

生活细胞的原生质膜具选择性吸收物质的能力，而死的种子细胞原生质膜丧失这种能力，于是染料便进入死细胞而使胚着色。

【仪器与用品】

玉米种子。

培养皿、镊子、刀片。

5%红墨水(5 mL红墨水＋95 mL自来水)。

【实验步骤】

1. 浸种

同BTB法。

2. 染色

取已吸胀的种子200粒，沿胚和中线切为两半，将一半置于培养皿中，加入5%

红墨水(以淹没种子为度),染色 5～10 min(温度高时时间可稍短)。

染色后,倒去红墨水液,用水冲洗多次,至冲洗液为无色止。观察种子情况:凡种胚不着色或着色很浅的为活种子;凡种胚与胚乳着色程度相同的为死种子。可用沸水杀死的种子为对照观察。

3. 测定发芽率

计数种胚不着色或着色浅的种子数,算出其发芽率。

13-4 纸上荧光法

【实验原理】

有生活力的种子和已经死亡的种子,它们的种皮对物质的透性是不同的,而许多植物的种子中又都含有荧光物质。利用对荧光物质的不同透性来区分种子的死活,方法简单,特别是对十字花科植物的种子,尤为适用。

【仪器与用品】

油菜种子(或白菜等十字花科植物的种子)。

紫外分析仪、培养皿、镊子、滤纸(无荧光)。

【实验步骤】

1. 将完整无损的油菜种子(或白菜等十字花科植物的种子)100 粒于 25～30℃水中浸泡 2～3 h。

2. 取已吸胀的种子,以 3～5 mm 间隔整齐地排列在培养皿中的湿润滤纸上,滤纸上水分不能太多,以免荧光物质流散。培养皿不必加盖,放置 1.5～2 h 后取出种子,将滤纸阴干。取出的种子仍按原来顺序排列在另一皿中(以备验证)。

3. 将滤纸置于紫外分析仪下进行观察,如能在暗室中进行观察,效果更好。

4. 有的放过种子的位置上可见一荧光光圈。如要鉴别这是否是死种子,可将这些种子拣出来集中在一个培养皿中,而让不产生荧光的种子留在另一培养皿中。维持合适温度,让其自然发芽。

5. 3～4 d 后记录每皿中发芽的种子数,填入表 13-1。

表 13-1 种子萌发情况统计表

种子总数/粒	产荧光种子			不产荧光种子		
	总数/粒	发芽数/粒	发芽率/%	总数/粒	发芽数/粒	发芽率/%

这种方法的成败，首先取决于种子中荧光物质的存在，其次取决于种皮的性质，有的种子无论有无发芽能力，一经浸泡，即有荧光物质透出，大豆即属此类。也有的由于种皮的不透性，无论是死种子还是活种子，都不产生荧光光圈，许多植物的种子都会碰到这种个别现象，此时只要用机械的方法擦伤种皮，可重新验证。相反，有时由于收获时受潮种皮已破裂，都会产生荧光圈，实验时应注意。最好将浸泡液进行检查，没有荧光则适于作实验材料。

【思考题】

试比较BTB法、TTC法、红墨水法以及纸上荧光法测定的结果是否相同，为什么？

实验14　种子萌发过程中淀粉、脂肪、蛋白质的转化

种子的贮藏物质淀粉、脂肪、蛋白质在萌发过程中，在各种水解酶的作用下，分别转变成简单的有机化合物，如葡萄糖、脂肪酸、氨基酸等。这些物质是构成新器官的材料，也是供给呼吸作用的原料。关于各类物质转化原理及操作方法分述如下。

14-1　淀粉的转化

【实验原理】

种子萌发过程中，需要消耗许多有机物，其中淀粉将在各种水解酶的作用下，转变成各种糖类。淀粉贮藏量减少，于是与碘作用显色较浅。而转化成的糖中含有还原糖，因此转化的多少可用斐林(Fehling)试剂测定。在碱性溶液中，还原糖能将斐林试剂中的Cu^{2+}还原成砖红色的Cu_2O沉淀，而糖本身被氧化成糖酸。

14-1-1　淀粉的消化

【材料与用品】

萌发的和未发芽的小麦籽粒。

显微镜、盖玻片、载玻片。

$KI-I_2$溶液。

【实验步骤】

1. 取幼芽长至3～5 cm的小麦萌发籽粒，将其胚乳汁液挤出少许，涂在载玻片上，加一滴水盖上盖玻片，在显微镜下观察淀粉粒的形状，随后加1滴碘液染色，观察着色情况。

2. 刮取未发芽的小麦胚乳淀粉，加少许水后，在显微镜下观察淀粉粒形状，同样滴加碘液，观察着色情况。比较两者淀粉粒的形状及着色情况有何不同？

14-1-2 淀粉种子萌发时还原糖的形成

【材料与用品】

发芽小麦。

50 mL 烧杯、大试管、水浴锅、研钵。

A 液：溶解 3.5 g 硫酸铜晶体($CuSO_4 \cdot H_2O$)于 100 mL 水中。

B 液：溶解酒石酸钾钠晶体 17 g 于 15～20 mL 热水中，加入 20 mL 20%的 NaOH 稀释至 100 mL。

斐林试剂：用时 A 液和 B 液等体积混合。

【实验步骤】

取发芽的与未发芽的籽粒各 10 粒分别研磨后放入烧杯中，用温水(30℃)冲入烧杯中，使总体积为 15 mL，充分摇荡后，静置 15～20 min，各取上清液加入试管中，各加 5 mL 斐林试剂，然后将试管放在沸水浴中加热 15～20 min，观察有无红色 Cu_2O 沉淀及生成量的多少，比较发芽与未发芽种子还原糖的含量。

14-2 脂肪的转化

【实验原理】

油类作物种子萌发时贮藏的脂肪在脂肪酶的作用下，水解产生甘油和脂肪酸。甘油通过甘油醛而形成糖或其他化合物。自由脂肪酸的积累使酸价提高，因此，可以用标准碱液滴定。根据滴定消耗碱液量可间接推测出生产脂肪酸的多少和脂肪酶活性的大小(脂肪水解产物也可以进一步转化形成糖，进而形成淀粉)。

【材料与用品】

发芽和未发芽的大豆。

研钵、100 mL 三角瓶、碱式滴定管、铁架、漏斗、纱布、量筒。

0.2 mol/L NaOH、1%酚酞指示剂。

【实验步骤】

(1) 取未发芽(刚吸胀)的大豆 25 粒，放在研钵内，加水 10 mL，充分磨碎后，略加水稀释(不能超过 20 mL)，用四层纱布过滤入 100 mL 量筒中，冲洗残渣数次，洗液一起滤入量筒内，加水至 50 mL，充分摇匀。

(2) 另取发芽大豆 25 粒，操作方法同上。

(3) 用量筒量取上述汁液各 25 mL，分别放在两个 100 mL 三角瓶中，并各加 1%酚酞指示剂 3 滴，用 0.2 mol/L NaOH 溶液进行滴定，至滤液呈粉红色摇 1 min 不褪色为止。滴定时所用 NaOH 溶液多少，即表示酸碱性强弱。如溶液酸性强，说明脂肪酸含量高，脂肪水解得多。比较发芽与未发芽的种子哪种酸性强。

14－3 蛋白质的转化

【实验原理】

豆类种子在萌发时，蛋白质迅速水解，产生氨基酸，而氨基酸可与茚三酮反应，最后产生蓝紫色化合物，因此可用此性质来测定蛋白质转化成氨基酸的多少。其反应如下：

$$2\,\text{(水合茚三酮)} + H_2N-\underset{R}{\overset{COOH}{C}}-H \longrightarrow \text{(蓝紫色化合物)} + RCHO + CO_2 + 3H_2O$$

水合茚三酮　　氨基酸　　蓝紫色化合物

【材料与用品】

发芽及未发芽的大豆种子。

水浴锅、烧杯、酒精灯、石棉网、中试管、试管架、研钵、漏斗、滤纸、滴管。

80%乙醇、1%茚三酮。

【实验步骤】

1. 分别称取未发芽(刚吸胀)的和发芽的大豆各 5 粒，分别置于研钵中加玻璃砂少许，研磨。在研磨过程中分别加入 80%乙醇 10 mL，过滤溶液即作为测定游离氨基酸用。

2. 取干净试管 8 支，按表 14－1 所示成分，加入各种溶液及试剂，观察颜色有何不同，并解释原因。

表 14－1　各试管中溶液及试剂的量

溶液及试剂	管号							
	1	2	3	4	5	6	7	8
滤液滴数(未发芽)	1	2	3	4	—	—	—	—
滤液滴数(发芽)	—	—	—	—	1	2	3	4
蒸馏水/mL	5	5	5	5	5	5	5	5
1%茚三酮/mL	1	1	1	1	1	1	1	1
	沸水浴 10 min							
颜色深浅								

【思考题】

如何定量测定淀粉、脂肪、蛋白质的转化效率?

第八章　植物的生殖生理

实验 15　植物光周期现象的观察

【实验原理】

植物对白天和黑夜相对长度的反应，称为光周期现象。许多植物须经过一定的光周期才能开花，叶是感受光周期处理的器官。在一定的光周期条件下，叶片产生成花素，传递到生长点，导致生长点发育成花芽。

【材料与用品】

大豆幼苗（迟熟种）或水稻幼苗（感光性强的品种）；菊花或其他短日照植物。

黑罩（外面白色，里面黑色）或暗箱、暗柜、暗室，日光灯或红色灯泡（60～100 W），闹钟（附光源开关自动控制装置）等。

【实验步骤】

1. 当大豆幼苗长出第一片复叶，或水稻幼苗长出 5～6 片叶（夜温在 20℃以上）后，即可分为 4 组按表 15－1 所述方法给予不同处理，一般情况下连续处理 10 d 后即可完成。

表 15－1　光周期处理

处　理	处　理　方　法
短日照	每日 7:30～17:30 照光 10 h
间断白昼	每日 11:30～14:30 移入暗处间断白昼 3 h
间断黑夜	在短日照处理基础上，0:00～1:00 照光 1 h，以间断黑夜
对　照	自然条件

经上述处理后记下大豆现蕾期或水稻始穗期，并与对照作比较。

2. 取菊花或其他短日照植物 4 组：第 1 组予以每日光照 18 h 的长日处理；第 2 组予以每日光照 10 h 的短日处理；第 3 组下部叶片予以短日处理，而摘去叶片的顶端则受长日处理；第 4 组与第 3 组相反。观察最后开花情况。

3. 记录并分析实验结果。

【注意事项】

各处理方式除了光周期外，其余生长条件尽量保持一致。

【思考题】

1. 幼苗经不同处理后，花期有的较对照提前，有的与对照相当，如何解释？
2. 按植物对光周期的要求，可把植物分为哪几大类？

第九章　植物的成熟与衰老生理

实验 16　果蔬中有机酸含量的测定

【实验原理】

果蔬中含有各种有机酸，主要有苹果酸、柠檬酸、酒石酸和草酸等。果蔬种类不同，含有机酸的种类和含量也不同。同一果蔬品种，其成熟度不同，有机酸的含量也有很大差异。果蔬衰老的过程中，有机酸的含量也会发生变化。

果蔬含酸量的测定是根据酸碱中和的原理，即用已知浓度的氢氧化钠溶液滴定果蔬组织的提取液（以酚酞为指示剂，当滴定至溶液呈浅红色且 30 s 不褪色时为终点），有机酸被中和生成盐。根据碱溶液用量，计算出样品的含酸量。所测出的酸又称总酸或可滴定酸。总酸是指所有酸性成分的总量，通常用碱液来滴定，并以样品中所含主要酸的百分数表示（表 16 - 1）。

表 16 - 1　几种酸的折算系数

果蔬种类	酸的名称	折算系数
仁果类、核果类水果	苹果酸	134
柑橘类、浆果类水果	柠檬酸	192
葡　萄	酒石酸	150
菠　菜	草　酸	90
盐渍、发酵制品	乳　酸	90
醋渍制品	乙　酸	60

【材料与用品】

不同成熟度的苹果、葡萄、橘子等水果。

碱式滴定管（50 mL、10 mL）、容量瓶（250 mL、1 000 mL）、移液管（20 mL）、烧杯、研钵、电子天平、漏斗、棉花或滤纸、小刀、洗耳球、玻璃棒、胶头滴管、铁架台、白瓷板或白纸、水浴锅。

0.1 mol/L NaOH 标准溶液、1%酚酞指示剂、邻苯二甲酸氢钾、无 CO_2 的蒸馏水。

【实验步骤】

1. 0.1 mol/L NaOH 标准溶液的配制和标定

称取固体 NaOH 4 g 放置在 1 000 mL 的烧杯中，先加入一定量无 CO_2的蒸馏水溶解，再转入 1 000 mL 容量瓶定容至 1 000 mL，混匀，待标定。

在电子天平上称取经 105～110℃烘过 4～6 h 的苯二甲酸氢钾($KHC_8H_4O_4$) 20.422 g，溶于无 CO_2的蒸馏水中，定容至 1 000 mL，即为 0.1 mol/L 苯二甲酸氢钾标准溶液。吸取该溶液 10 mL 3 份于 100 mL 三角瓶中，用待标定的 0.1 mol/L NaOH 溶液滴定，以酚酞作指示剂，无色变至淡红色，保持 30 s 不褪色，即为终点，观察记录 NaOH 溶液在滴定管的初始和最终读数。并根据消耗 NaOH 溶液的体积求得 NaOH 的准确浓度。结果记于表 16－2 中。

$$c_{\mathrm{NaOH}}=\frac{c\times V_{\mathrm{A}}}{V_{\mathrm{B}}}$$

式中，c 为苯二甲酸氢钾的浓度(mol/L)，本实验中为 0.1 mol/L；V_A为苯二甲酸氢钾的体积(mL)，本实验中为 10 mL；V_B为滴定用去 NaOH 的体积(mL)；c_{NaOH}为求得的 NaOH 准确浓度。

表 16－2　NaOH 标定记录表

实验次数	1	2	3
$KHC_8H_4O_4$用量/mL			
NaOH 用量/mL			
$KHC_8H_4O_4$浓度/(mol/L)			
NaOH 浓度/(mol/L)			

2. 果蔬总酸度的测定

将待测水果洗净，取可食部分 25 g 并切碎混匀，置于研钵中加入少量石英砂研磨成匀浆液，将匀浆液移入 250 mL 烧杯中并洗净研钵，冲洗研钵的洗液一并移入烧杯后(此时烧杯中的溶液体积尽量不要超过最终提取液定容总体积的 2/3)，盖上表面皿，置于75～80℃水浴加热，其间用玻璃棒搅拌数次，30 min 后取出，冷却备用，定容至 250 mL 容量瓶中，摇匀过滤；吸取滤液 20 mL 放入 100 mL 烧杯中，加酚酞指示剂 2～3 滴，用0.1 mol/L的 NaOH 溶液滴定至淡红色，30 s 内不褪色为终点。记录 NaOH 溶液的用量。重复滴定 3 次，取其平均值。将结果记于表 16－3 中。含酸量的计算公式如下(单位已换算，使用时直接代入数值即可)：

$$含酸量=\frac{10^{-3}\times c\times V_A\times V_T\times M_{HnA}}{m\times n\times V_B}\times 100\%$$

式中,c 为标定的 NaOH 溶液的准确浓度(mol/L);V_A为滴定用去 NaOH 溶液的体积(mL);V_T为试样提取液的总体积(mL),本实验中为 250 mL;m 为试样鲜重(g),本实验中为 25 g;V_B为滴定用的提取液体积(mL),本实验中为20 mL;M_{HnA}为折算系数,是用以计量的有机酸的摩尔质量的数值;n 为酸碱物质的量之比,即 1 mol酸完全被中和所消耗的 NaOH 的物质的量(mol)(单羧酸,n 取 1,二羧酸,n 取 2,依次类推);10^{-3}为统一量纲时的换算系数。

表 16-3　含酸量记录表

试样名称	苹果	橘子	葡萄
NaOH 用量/(mL 平均值)			
折算系数/(g/mol)			
含酸量/%			

【注意事项】

1. 注意碱式滴定管滴定前要赶走气泡,滴定过程中不要形成气泡。

2. 有些果蔬样液滴定至接近终点时出现黄褐色,这时可加入样液体积 1～2 倍的热水稀释,加入酚酞指示剂 0.5～1 mL,再继续滴定,使酚酞变色易于观察。

【思考题】

1. 滴定管中出现气泡,对实验结果有什么影响?

2. 实验过程中为什么要使用无 CO_2的蒸馏水?

实验 17　植物激素对器官脱落的调节作用

【实验原理】

叶子在脱落前先形成离层,而离层形成与否是各种植物激素相互作用的结果。乙烯、脱落酸促进器官脱落,而细胞分裂素、赤霉素(如 GA_3)抑制脱落。生长素与器官脱落的关系是由生长素通过离层的浓度梯度决定。

【材料与用品】

大叶黄杨叶柄外植体。

培养皿、移液管、镊子、刀片、电炉、烧杯。

含 10 mg/L NAA 的 1.5%的琼脂块(称取 5 mg NAA,先用少量 95%乙醇溶解,再加水稀释到 100 mL。另称取 7.5 g 琼脂,加水约 350 mL,加热,待琼脂完全溶化后,加入上述 NAA 溶液,用水补足 500 mL,搅拌均匀,趁热倒入培养皿,冷却即可)、1.5%的琼脂块(作对照用);500 mg/L 乙烯利。

【实验步骤】

1. 切取外植体

选用当年生的幼嫩大叶黄杨枝条。切取顶芽下第 1 或第 2 节位的对生叶子(图 17-1 所示)。共切取叶柄外植体 90 个。叶腋处如果有腋芽,需用镊子或刀片小心将其去掉,以免休眠芽影响实验的效果。

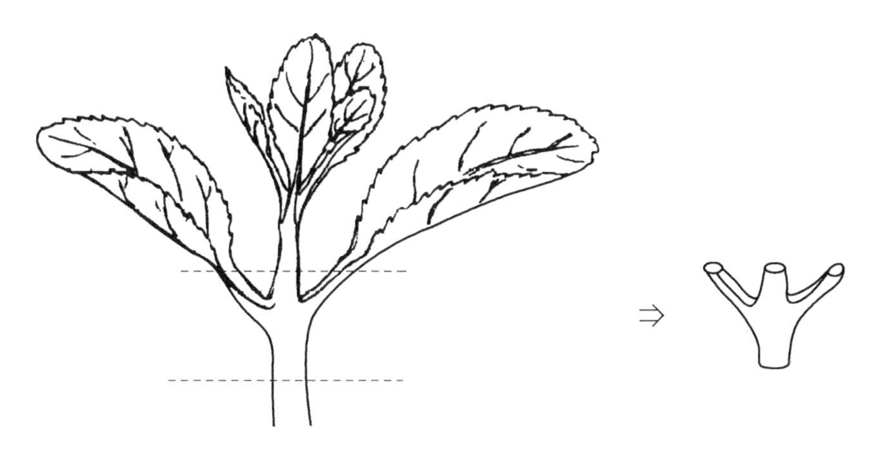

图 17-1 外植体的切取方法(虚线为下刀处)

2. 准备培养皿

配制 1.5%的琼脂液 250 mL,分别倒入 6 个培养皿(直径 10 cm),每皿琼脂液的量不超过培养皿 1/3 的高度。此皿用于固定立放的叶柄外植体。

3. 激素处理

(1) 乙烯利处理:用 500 mg/L 乙烯利浸泡 20 个外植体 3 min,然后将外植体插入备好的培养皿中。以蒸馏水浸泡 20 个外植体 3 min,插入另一皿作对照。

(2) NAA 处理:先将外植体按每皿 20 个插入培养皿中。

1) NAA 近轴端处理:把含有 10 mg/L NAA 的琼脂块切成比茎直径略大(约 3 mm)的正方体,用镊子将其轻放在茎残端(图 17-2A)。以加放不含 NAA 的琼脂块为对照组。

2) NAA 远轴端处理:将含有 NAA 的琼脂块切成比叶柄直径略大(约 1.5 mm)

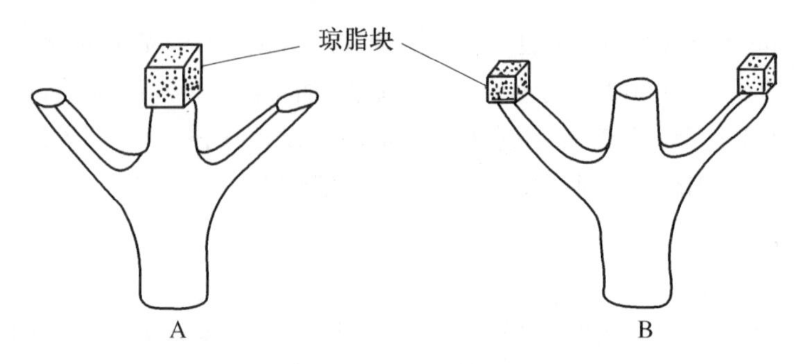

图 17－2　萘乙酸对外植体的处理部位

A. 近轴端处理；B. 远轴端处理

的正方体，用镊子轻放于叶柄切口上(图 17－2B)。同样，以加放不含 NAA 的琼脂块于叶柄切口上为对照组。

(3) 观察：给各培养皿加盖，置于 25℃温箱中，每隔 12 h 用镊子前端触压叶柄，观察叶柄是否脱落。

$$脱落率＝脱落的叶柄数/叶柄总数\times 100\%$$

【思考题】

根据实验结果分析激素对脱落的调节作用。

实验 18　花青素含量的测定

【实验原理】

花青素(anthocyanidin)又名花色素，属类黄酮类物质，溶解于细胞液中，是植物体内广泛分布的色素之一，已知天然存在的花色素有 250 多种(图 18－1)。花、果实和叶片的颜色往往与它有关。

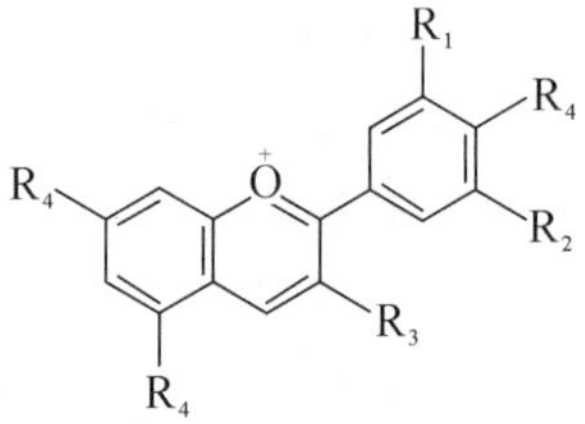

图 18－1　花青素结构式

R_1 和 R_2 是 H、OH 或 OCH_3；R_3 是 H 或糖基；R_4 是 OH 或糖基

花青素在不同的 pH 条件下，呈现不同的颜色，在酸性中呈红色，于 530 nm 波长处有最大吸收峰。其颜色的深浅与花青素含量成正比，用分光光度计可测其含量，方法简单易行。

【材料与用品】

常见植物的花、果实、叶片等器官；玉米、番茄等幼苗。

722 型分光光度计、恒温培养箱、电子天平、烧杯、剪刀、量筒、称量纸、滤纸等。

0.1 mol/L HCl。

【实验步骤】

1. 称取材料 1 g,剪成 0.3 cm^2 的碎片,置于烧杯中。

2. 加入 0.1 mol/L HCl 10 mL 于烧杯中,杯口用称量纸盖紧,置于 32℃恒温培养箱中,浸泡 4 h 以上。

3. 用定性滤纸过滤,滤液即花青素提取液。

4. 取花青素提取液用分光光度计在波长 530 nm 处读取吸光度,用 0.1 mol/L HCl 作为空白对照。

5. 把吸光度为 0.1 时的花青素浓度称为 1 个单位,即将读取的吸光度乘以 10,用以代表花青素的相对浓度单位,以比较花青素的相对含量。

【注意事项】

1. 0.1 mol/L HCl 的用量视花青素含量的高低而增减。

2. 用 0.1 mol/L HCl 浸泡材料时,杯口一定要用称量纸盖好,以防水分蒸发,影响实验结果。

【思考题】

1. 花青素在植物体中有何作用?

2. 不良逆境对植物体内花青素的含量有何影响?

第十章　植物的逆境生理

实验 19　低温对植物的伤害

【实验原理】

植物细胞膜是控制物质进出细胞的屏障，当植物遭受低温等逆境伤害后，细胞膜先受到伤害，膜透性增大，一些盐类或有机物从细胞中渗出，进入周围溶液中，通过电导率的测量和糖的显色反应，即可见到外界溶液中电解质和糖类的增加。组织细胞受伤害程度愈严重，膜透性增大愈明显。

【材料与用品】

植物叶片。

电导率仪、冰箱、小烧杯、打孔器、大试管、水浴锅、移液管。

蒽酮试剂：称取蒽酮 1 g，溶于 1 000 mL 稀 H_2SO_4（由浓 H_2SO_4 760 mL 稀释成 1 000 mL 水溶液）。

【实验步骤】

1. 选取部位和叶龄相同的植物功能叶片，分成两份。一份置于 0～4℃冰箱中，另一份置于 20～25℃的室温条件下，分别放置 2 h、4 h、6 h 或更长时间。分别取出，用直径约1 cm 的打孔器压取叶子圆片 40 片，用蒸馏水洗 3 遍，用洁净滤纸吸干以除去切口汁液，分别置于盛有 20 mL 蒸馏水的小烧杯中，于室温中让其浸泡数小时（2 h 左右），每 15 min 摇晃一次，有条件的可以将小烧杯放到振荡培养箱中摇晃，速率 60 r/min 左右，可缩短浸泡时间。

2. 除去上述烧杯中的叶子圆片，分别吸取浸出液 1 mL 于大试管中，加蒽酮试剂 2 mL，摇匀，沸水浴 10 min，冷却。如有糖存在，可产生绿色，绿色深浅即表示含糖量的多少。

3. 将余下的浸出液分别用电导率仪测量溶液的电导度，电导率越大则溶液中的电解质含量越高。

【思考题】

1. 比较经不同时间低温处理和未经低温处理的叶子浸出液，其电导率及含糖量有何不同？为什么？

2. 还有哪些其他方法可以测量植物遭受低温伤害的程度？有何实践意义？

实验 20　植物组织中丙二醛含量的测定

【实验原理】

在逆境条件下或植物器官衰老时，往往发生膜质过氧化作用，丙二醛(malondialdehyde，MDA)是其产物之一，通常利用它作为脂质过氧化指标，表示细胞膜脂过氧化程度和植物对逆境条件反应的强弱。

MDA 在高温、酸性条件下与硫代巴比妥酸(thiobarbituric acid，TBA)反应，形成在 532 nm 波长处有最大光吸收的红棕色三甲川(3,5,5－三甲基嗯唑，2,4－二酮)，而在 600 nm 波长处也有一最小光吸收。另外，植物组织中的糖类物质对 MDA－TBA 反应有干扰作用，糖与 TBA 显色反应产物的最大吸收在波长 450 nm 处。为消除这些干扰，经试验，可用下列公式消除误差：

$$C=6.45(A_{532}-A_{600})-0.56A_{450}$$

式中，A_{450}、A_{532}、A_{600}分别代表 450 nm、532 nm 和 600 nm 波长下的吸光度值。用上述公式可直接求得提取液中的 MDA 的浓度 C(μmol/L)，进一步算出其在植物组织中的含量。

【材料与用品】

经不同处理(对照与胁迫)的植物材料。

研钵、试管、可调加样器、恒温水浴锅、冷冻离心机、分光光度计。

5％三氯乙酸(trichloroacetic acid，TCA)、0.67％TBA。

【实验步骤】

1. 取不同处理(对照与胁迫)植物样品(叶、根)0.5 g，加 5％TCA 5 mL，研磨后所得匀浆在3 000 r/min下离心 10 min。

2. 取上清液 2 mL，加 0.67％TBA 2 mL，混合后 100℃水浴 30 min，冷却后再离心一次。

3. 分别测定上清液在 450 nm、532 nm 和 600 nm 处的吸光度值，并按公式算出 MDA 浓度，再算出单位鲜组织中的 MDA 含量(μmol/g)。

【思考题】

为什么逆境下植物体内 MDA 含量往往增多？

第二部分

综合性实验

第十一章　植物水分状况的测定

水是原生质的主要组成成分，占原生质总量的70%～90%。植物水分状况对植物的生理活动具有重要影响。植物的水分状况可以通过植物含水量、相对含水量、植物水势、渗透势得到体现。上述指标在植物水分生理的科学研究中或农业生产实践中经常用到，现综合介绍这几个指标的测定。

实验21　植物含水量的测定

【实验原理】

利用水加热蒸发的原理，使植物体内的水分蒸发，从而测定植物的含水量。

【材料与用品】

植物材料。

电子天平、干燥器、烘箱、称量纸、称量瓶（或大信封）、坩埚钳、吸水纸。

【实验步骤】

1. 将待测的植物材料剪成小块，放在称量纸上迅速称鲜重（FW）。

2. 将植物材料放入称量瓶或大信封中，放入烘箱中，在105℃下杀青30 min，然后将温度调到60～70℃烘至恒重，不同植物材料所需的时间不同，时间从10～24 h不等。

3. 称取植物材料的干重（DW）。

4. 计算植物含水量：

$$WC=(FW-DW)/FW\times 100\%$$

实验22　植物相对含水量的测定

【实验原理】

相对含水量是指植物组织的含水量占饱和含水量的百分比，它比植物含水量更能反映植物的水分亏缺情况。

【材料与用品】

同实验 21。

【实验步骤】

1. 先称取植物材料的鲜重(FW)。

2. 将植物材料浸入蒸馏水中数小时,使组织充分吸水达到饱和(浸水时间因不同材料而异)。

3. 将材料从蒸馏水中取出,用吸水纸迅速吸去材料表面的水分,称取其饱和鲜重(SFW)。

4. 按实验 21 的方法将材料烘干,称取干重(DW)。

5. 计算相对含水量:

$$RWC = (FW - DW)/(SFW - DW) \times 100\%。$$

实验 23 植物组织水势的测定

水势是指偏摩尔体积水的化学势,规定标准状况下纯水的水势为零,恒温恒压下跨膜运输时水分总是从水势高处流向水势低处。根据这一原理,可以用小液流法、称重法、露点法等测定植物组织的水势。

23-1 小液流法

【实验原理】

将植物组织切成小块,浸泡在一系列不同浓度的蔗糖溶液中,由于植物组织与蔗糖溶液间水势梯度的存在,导致蔗糖溶液从植物组织中吸水、失水或保持动态平衡,从而使蔗糖溶液变稀、变浓或浓度保持不变。由此可以找到与植物组织水势相当的蔗糖溶液浓度,算出植物组织的水势。

【材料与用品】

植物材料(如土豆等)。

中试管、青霉素小瓶、弯头毛细吸管、单面刀片、打孔器、解剖针、移液管、镊子。

蔗糖、甲基蓝。

【实验步骤】

1. 配制一系列不同浓度的蔗糖溶液,浓度分别为 0.1 mol/L、0.2 mol/L、0.3 mol/L、0.4 mol/L、0.5 mol/L、0.6 mol/L。

2. 取 6 只中试管编号,分别加入 10 mL 不同浓度的蔗糖溶液;同时取 6 个青霉素小瓶,编号后分别加入 1 mL 不同浓度的蔗糖溶液。

3. 取植物材料,用打孔器压取直径 0.7 cm 左右的圆条,用单面刀片切成 2~3 mm厚的小圆片,分别加入装有不同浓度蔗糖溶液的青霉素小瓶中,每个小瓶中放 5 片(依植物材料的不同可做不同处理),塞上瓶塞,放置 30 min,其间摇动数次以加速溶液与植物组织间的水分交换。

4. 打开瓶塞,用解剖针向每个小瓶中挑入少许甲基蓝,摇匀,使溶液呈蓝色。

5. 用毛细吸管依次从青霉素小瓶中吸取少量溶液,小心插入装有相同浓度蔗糖的中试管的溶液中部,轻轻挤出吸管中的蓝色液体,观察记录小液流的移动方向。

【结果分析】

如果小液流上升,说明组织水势高于蔗糖溶液水势,组织排水,蔗糖浓度变低;如果小液流下降,说明组织水势低于蔗糖溶液水势,组织吸水,蔗糖浓度变大;如果小液流不动,说明组织水势与蔗糖溶液水势相同,二者间无水分量的交换。从表 23-1 中查取对应浓度的蔗糖溶液在 20℃下的渗透势,即为组织水势。

表 23-1　蔗糖溶液浓度与其渗透势

蔗糖溶液浓度/(mol/L)	渗透势/atm*	蔗糖溶液浓度/(mol/L)	渗透势/atm
0.1	−2.64	0.45	−12.69
0.15	−3.96	0.5	−14.31
0.2	−5.29	0.55	−15.99
0.25	−6.70	0.6	−17.77
0.3	−8.13	0.65	−19.61
0.35	−9.58	0.7	−21.49
0.4	−11.11		

* atm:标准大气压单位,1 atm=$1.013\,25\times10^{5}$ Pa。

【注意事项】

1. 蔗糖溶液用前一定要摇匀,时间放久了的蔗糖溶液会分层,影响结果。

2. 吸取各个浓度溶液的毛细吸管要专用。

23-2　称　重　法

【实验原理】

将植物材料切成小块,浸泡在一系列不同浓度的 $CaCl_2$ 溶液中,由于植物材料与 $CaCl_2$ 溶液间存在水势梯度,导致 $CaCl_2$ 溶液从植物材料中吸水、失水或保持动态平衡,从而使植物材料变轻、变重或重量保持不变,由此可以找到与植物材料水

势相当的 $CaCl_2$溶液浓度，算出植物组织的水势。

【材料与用品】

植物材料（如土豆、洋葱或植物叶片）。

电子天平（感量 1 mg）、小试管、打孔器、移液管、镊子、吸水纸。

$CaCl_2$。

【实验步骤】

1. 配制浓度分别为 0 mol/L、0.05 mol/L、0.1 mol/L、0.15 mol/L、0.2 mol/L、0.25 mol/L、0.3 mol/L 的 $CaCl_2$溶液。

2. 取洁净小试管 7 只并编号，分别放入 5 mL 不同浓度的 $CaCl_2$溶液。

3. 用打孔器取适当大小的组织材料 7 份（每份约 2 g），分别称重，记为 W_1。将材料切成适当大小迅速放入盛有不同浓度 $CaCl_2$溶液的小试管中，室温平衡30 min 以上，其间摇动数次以加速溶液与植物组织间的水分交换。

4. 将材料取出，用吸水纸吸干表面水分，称重，记为 W_2。

5. 以$(W_2-W_1)/W_1$为纵坐标，以相应的 $CaCl_2$浓度为横坐标作图（图 23－1），可得一直线，直线与横轴的交点所示的 $CaCl_2$浓度即为组织的等渗浓度，根据以下公式即可算出组织水势。

$$\psi s=-icRT$$

式中，i 为 $CaCl_2$ 等渗系数，可按 2.1 计算；c 为溶液的摩尔浓度；R 为气体常数；T 为绝对温度。

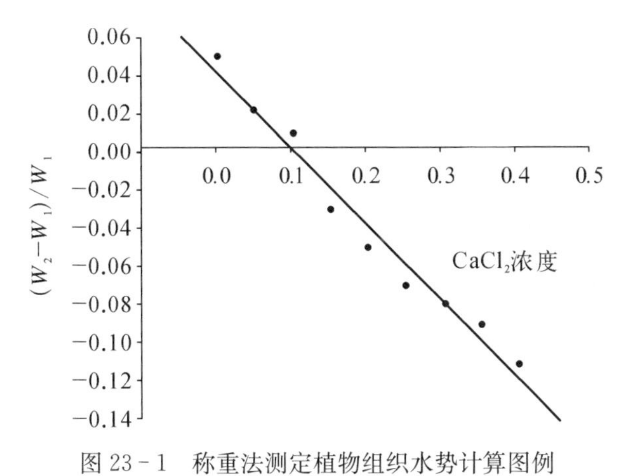

图 23－1　称重法测定植物组织水势计算图例

【注意事项】

1. 取材时材料大小尽量均匀。

2. 操作要迅速，防止操作时间过长导致材料失水。

23-3 露 点 法

【实验原理】

将植物材料放入密封的样品室中,样品室的上方连有热电偶。由于植物材料含有水分并具有一定的水势,水分会从植物材料蒸发到样品室空间内,平衡后样品室中水蒸气的水势(以蒸汽压表示)与植物材料的水势相同。这时给样品室热电偶施加反向电流,使热电偶结点降温,当温度降至露点温度时,水蒸气会在热电偶上凝结成露。此时切断反向电流,记录下热电偶输出电位的变化,该输出电位反映了热电偶结点温度的变化:开始时结点温度因热交换平衡而快速上升,随后则由于结点水分的蒸发带走热量而使温度保持在露点,呈现短暂的稳定状态,最后在结点水分全部蒸发完后,温度又再次上升。结点温度的变化转变成电压输出,并可转换成水势单位。

【材料与用品】

新鲜的植物材料。

HR-33-T-R 型露点微伏压计、打孔器、单面刀片、镊子。

【实验步骤】

1. 将新鲜的植物材料用打孔器压取圆条,再用单面刀片切成厚 3～4 mm 的圆片。

2. 用镊子将材料放入 C52 样品室小槽内,拧紧样品室,置于室温下平衡 30～40 min,若材料含水量较低需延长平衡时间。

3. 打开露点微伏压计的电源,预热 10 min。

4. 把露点微伏压计的 Function 旋钮调到 Short 位置上,把探头插入主机相应的接口。

5. 按下Ⅱv 按钮,调节Ⅱv SET 旋钮使表头指针达到探头上表明的Ⅱv 值。

6. 将量程 Range 旋钮调到预期的位置上,Function 旋钮调到 Read 位置上,调节 Zero Offset 旋钮使指针读数为零。

7. 将 Function 旋钮调到 Cool 位置,此时表头的指针向右偏转,当指针移动到最大时,将 Function 旋钮调到 DP 位置,此时表头的指针向左偏转,当表头的指针稳定后,从表头上读取测定值。如果 Range 旋钮位于 10 或 100 的位置,按上排刻度读数;如果 Range 旋钮位于 30 或 300 的位置,按下排刻度读数。

8. 表头读数为电势差,该电势差是水势的线性函数,比例系数为$-0.75\ \mu V/bar$。表头读数除以$-0.75\ \mu V/bar$便为被测样品的水势(bar)。

【注意事项】

在使用C52样品室时，切勿将样品放得高出或大于样品室小槽。测定完毕后，一定要将样品室顶部的旋钮旋起足够高以后才可将样品室的拉杆拉出，否则将损伤热电偶。长期放置后，重新使用时须将电池充电14～16 h才可将电池充满。在不同温度下测定时，应同时记录下测定时探头的温度，然后按照下列公式把所有测定值校正为25℃时的测定值：

$$校正读数=实际测定读数/(0.325+0.027T)$$

式中，T 为测定时记录的温度，单位为℃。

实验24　植物组织渗透势的测定

渗透势是水势的组分之一，是指由于细胞内溶质颗粒的存在而使水势下降的数值，纯水的渗透势为零，溶液的渗透势为负值。植物细胞的渗透势是植物的一个重要生理指标，对于植物的水分代谢、生长及抗性都具有重要的意义。常用于测定植物细胞与组织渗透势的方法有质壁分离法、冰点下降法、蒸汽压降低法等。下面分别介绍质壁分离法和冰点下降法。

24-1　质壁分离法

【实验原理】

生活细胞的原生质膜是一种选择透性膜，可以看作是半透膜，它对于水是全透性的，而对于一些溶质如蔗糖的透性较低。因此当把植物组织放在一定浓度的外液中，组织内外的水分便可通过原生质膜根据水势梯度的方向而发生水分的迁移，当外液浓度较高时(高渗溶液)，细胞内的水分便向外渗出，引起质壁分离；而在外液浓度低时(低渗溶液)，外液中的水则进入细胞内。当细胞在一定浓度的外液中刚刚发生质壁分离时(初始质壁分离，仅在细胞角隅处发生)，细胞的压力势等于零，细胞的渗透势等于细胞的水势，也就等于外液的渗透势。该溶液称为细胞或组织的等渗溶液，其浓度称为等渗浓度。

【材料与用品】

洋葱。

显微镜、镊子、载玻片、盖玻片、刀片、培养皿、移液管。

蔗糖。

【实验步骤】

1. 配制一系列不同浓度的蔗糖溶液，浓度分别为0.1 mol/L、0.2 mol/L、

0.3 mol/L、0.4 mol/L、0.5 mol/L、0.6 mol/L。

2. 取 6 个培养皿,编号,吸取上述浓度的蔗糖溶液各 10 mL 分别放于培养皿内。

3. 用镊子撕取洋葱的外表皮,向各浓度的蔗糖溶液分别投入 2～3 片,使其完全浸没。投入时先从高浓度开始,每隔 5 min 向下一浓度投入洋葱表皮。

4. 待洋葱表皮在各浓度的蔗糖溶液中平衡 30 min 后,从高浓度开始依次取出放于显微镜下观察质壁分离的情况(低倍镜即可),记录观察结果。

【结果分析】

注意寻找在两个相邻浓度的蔗糖溶液中,其中一个大约有 50%的细胞发生初始质壁分离,而在其后一个浓度的蔗糖溶液中不发生质壁分离,以这两个浓度的平均浓度作为等渗浓度,其对应的渗透势即为细胞的渗透势。

根据表 23 - 1 查出洋葱表皮的渗透势。

【注意事项】

1. 观察时要在载玻片上滴 1 滴同浓度的蔗糖溶液。

2. 实验用洋葱以紫色的最易于观察质壁分离,也可用紫鸭趾草、红甘蓝等其他材料代替。

24 - 2　冰点下降法(冰点渗透压计法)

【实验原理】

根据 Van Hoff 公式,溶液的渗透势 $\Psi s=-icRT$,因此只要知道溶液的 ic 值即颗粒的总浓度即可算出溶液的渗透势。而根据物理化学溶液理论之一——拉乌尔(Raoult)冰点下降原理,任何溶液,如果其单位体积中所溶解的溶质颗粒(分子和离子)总数相同,则引起冰点下降的数值也相同。实验表明,1 mol 的任何非电解质(等于 6.02×10^{23} 分子颗粒数)溶解于 1 000 g 水中,则使水的冰点由 0℃下降至 −1.857℃;而 1 mol 的电解质溶解于 1 000 g 水中,其冰点下降值为解离的离子与不解离的分子的总摩尔数同 1.857 的乘积,即冰点下降值与溶质的总颗粒数有关。因此,欲求某一溶液的溶质颗粒数目,可先测其冰点下降数值,然后再按下式算出结果:

$$\mathrm{OS}=(\Delta t)/1.857$$

式中,OS 为 1 000 g 水中所溶解的溶质颗粒数目,即重量摩尔渗透浓度(osmolarity),也就是总颗粒浓度 ic 值;Δt 为冰点下降数值(度);1.857 为水的摩尔冰点下降常数。

根据上述原理,本实验采用冰点渗透压计测定植物细胞液的渗透势,冰点渗透压计的测量原理是以冰点下降值与溶液的摩尔浓度成比例关系为基础，采用高灵敏度的感温元件热敏电阻测量溶液的冰点，通过电量转换，冰点下降值直接转换为常用渗透势单位(m/kg)。测定时将被测液体样品置于半导体制冷槽中进行冷却，使之温度下降至－10℃左右，通过强震使之结冰，测定其冰点。渗透压计的操作过程采用程序自动控制。

【材料与用品】

新鲜植物材料。

冰点渗透压计、液氮罐、注射器、EP管、纱布、吸水纸、移液管。

【实验步骤】

1. 取1～2 g的新鲜植物材料，用潮湿纱布轻轻擦去表面灰尘。将材料包在洁净的锡箔纸中，立即放入液氮中5 min，将细胞杀死，也可放在低温冰箱中杀死组织细胞。

2. 材料取出后，用剪刀将材料剪碎，放入注射器内融冰，然后用加压方法将细胞液挤出，存于EP管内，如暂时不能测，可放入冰箱冰室内保存。

3. 打开冰点渗透压计的电源，如果仪器需要校正则按仪器使用说明用标准液进行校正。

4. 取20 μL待测液倒入测定管中，把测定管放入制冷槽内，按下探头，按"COOL"键制冷，约70 s后，测定管内发出强振声，同时数字显示器显示数字，待数字稳定后，即可记下读数。

5. 提起探头，用吸水纸擦拭一下探头，在制冷槽内放入另一样品，继续测定。

【结果分析】

冰点渗透压计已经直接将冰点下降值换算成渗透浓度(ic值)，且显示实数，所以再根据公式计算出植物细胞液或溶液的渗透势：

$$\Psi s = -icRT$$

式中，ic为渗透浓度；R为气体常数，R＝0.008 314[L·MPa/(mol·K)]；T为绝对温度(K)。

【注意事项】

1. 加样时测定管中不允许有气泡，否则会发生不冻现象。

2. 若样品挤出液含有植物残渣，要离心去掉杂质后再测定。

3. 仪器长期不使用需校正后再用。

【思考题】

1. 冰点渗透压计法与质壁分离法的原理有何区别？

2. 小液流法与质壁分离法均是求等渗浓度，为何前者是测水势，而后者是测渗透势。

第十二章　氮素缺乏对植物生命活动的影响

氮是植物体内最重要的元素，在植物的生命活动中占有十分重要的地位，被称为生命元素。植物体内的氮素水平，无论是对植物的生理活动，还是对植物的形态表现，都会产生多方面的影响。本组实验旨在探讨氮素对根系体积、根系活力、硝酸还原酶活性等指标的影响。

本章实验所用植物材料可以用番茄或小麦幼苗：将番茄或小麦幼苗用砂(或蛭石)培养，番茄苗龄长至3～4周，最少有两片真叶时，小麦在三叶期时，可用于进一步实验。取一定数量的培养缸，洗净，分两组，一组加入营养完全培养液，一组加入缺氮培养液(见实验3)。将植物幼苗移栽至不同的培养缸中，约2周后可进行下列实验。

实验25　植物体内硝态氮含量的测定

植物体内硝态氮含量可以反映土壤氮素供应情况，常作为施肥指标。另外，蔬菜类作物特别是叶菜和根菜中常含有大量硝酸盐，在烹调和腌制过程中可转化为亚硝酸盐而危害健康。因此，硝酸盐含量又成为蔬菜及其加工品的重要品质指标。测定植物体内的硝态氮含量，不仅能够反映出植物的氮素营养状况，而且对鉴定蔬菜及其加工品质也有重要意义。

【实验原理】

在浓酸条件下，NO_3^-与水杨酸反应，生成硝基水杨酸。生成的硝基水杨酸在碱性条件下(pH＞12)呈黄色，最大吸收峰的波长为410 nm，在一定范围内，其颜色的深浅与含量成正比，可直接比色测定。反应式如下：

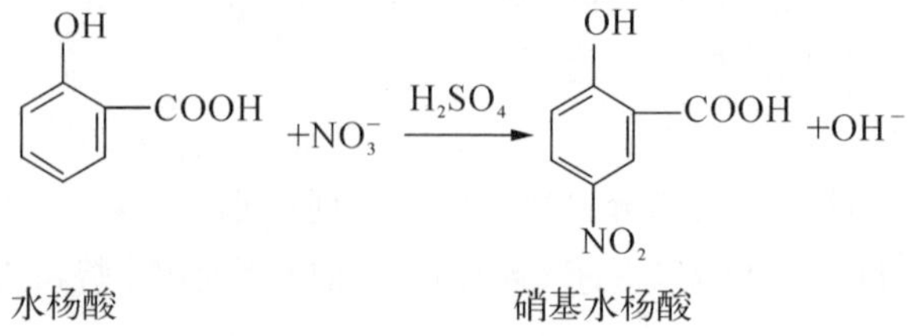

$$C_6H_4(OH)COOH + NO_3^- \xrightarrow{H_2SO_4} C_6H_3(OH)(NO_2)COOH + OH^-$$

水杨酸　　　　　　　　硝基水杨酸

【材料与用品】

可见分光光度计、电子天平(感量 0.1 mg)、刻度试管(20 mL)、容量瓶(50 mL)、小漏斗(5 cm)、玻棒、洗耳球、水浴锅、滤纸、移液管。

500 mg/L 硝态氮标准溶液(精确称取烘至恒重的 KNO_3 0.722 1 g 溶于蒸馏水中,定容至 200 mL)、5%水杨酸-硫酸溶液(称取 5 g 水杨酸溶于 100 mL 比重为 1.84 的浓硫酸中,搅拌溶解后,贮于棕色瓶中,置冰箱保存一周有效)、8%氢氧化钠溶液(称取 80 g NaOH 溶于少量蒸馏水中,后转入 1 000 mL 容量瓶中,定容至刻度线)。

【实验步骤】

1. 标准溶液的配制

吸取 500 mg/L 硝态氮的标准溶液 2 mL、4 mL、6 mL、8 mL、10 mL 分别放入 50 mL 容量瓶中,用蒸馏水定容至刻度,使之成 20 mg/L、40 mg/L、60 mg/L、80 mg/L、100 mg/L 的系列标准溶液。

2. 样品中 NO_3^- 的提取

取一定量待测植物材料,剪碎混匀,用天平精确称取材料 2 g,放入试管中,加入 10 mL 去离子水,置于沸水浴中提取 30 min。到时间后取出,用自来水冷却,将提取液过滤到容量瓶或刻度试管中,冲洗残渣,最后定容至 10～25 mL。

3. 反应

吸取上述系列标准溶液和样品提取液各 0.1 mL,分别放入试管中,以 0.1 mL 蒸馏水代替标准溶液作空白。再分别放入 0.4 mL 5%水杨酸-硫酸溶液,摇匀,在室温下放置 20 min 后,再加入 8% NaOH 溶液 9.5 mL,摇匀冷却至室温。显色液总体积为 10 mL。

4. 绘制标准曲线

以空白作参比,在 410 nm 波长下测定吸光度。以硝态氮浓度为横坐标,吸光度为纵坐标,绘制标准曲线并计算出回归方程。

5. 样品中 NO_3^- 含量的计算

在标准曲线上查得或用回归方程计算出硝态氮的浓度,再用以下公式计算其含量:

$$NO_3^- - N\text{ 含量} = (C \times V/1\,000)/W$$

式中,C 为标准曲线上查得或回归方程计算得 $NO_3^- - N$ 浓度;V 为提取样品液总体积(mL);W 为样品鲜重。

【注意事项】

1. 不要将 5%水杨酸-硫酸溶液溅到桌面、试管外或衣物及皮肤上。

2. 加热煮沸时要小心,以免烫伤。

实验 26　根系体积的测定

根系对植物的生命活动具有十分重要的作用,如对地上部分起支持和固定作用,物质的贮藏,对水分和无机盐类的吸收,合成氨基酸、激素等有机物质等。因此根系体积和根系活力是植物生长的重要生理指标之一,对根系体积和根系活力的测定具有重要的意义。

【实验原理】

根据阿基米德原理,根系浸没在水中,它排出的水的体积即为根系本身的体积。利用简单的体积计,用水位取代法,即可测知根系的体积。

【材料与用品】

长足漏斗、移液管、橡皮管、铁架台。

【实验步骤】

1. 仪器装置

用橡皮管连接作为体积计的长足漏斗和移液管,然后将其固定在铁架台上,使移液管成一倾斜角,角度越小,仪器灵敏度越高,整个装置如图 26-1 所示。

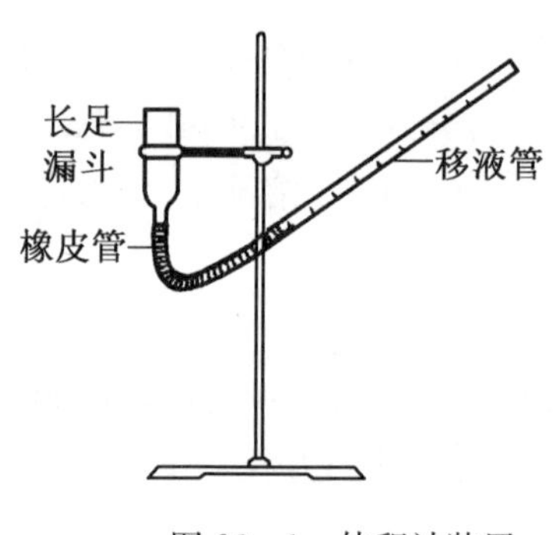

图 26-1　体积计装置

2. 测定方法

(1) 取待测植株(完全培养液和缺氮培养液植株各一棵),用水冲洗根部,用吸水纸小心吸干表面水分。

(2) 将水加入体积计,水量以能浸没根系为度,调节刻度移液管位置,以使水面靠近橡皮管的一端,记下读数,为 A_1。

(3) 将吸干水分的根系浸入体积计中,此时移液管中的液面上升,记下读数,为 A_2。

（4）取出根系，此时移液管中水面将降至 A_1 以下，加水入体积计，使水面回至 A_1 处。

（5）用移液管加水入体积计，使水面自 A_1 升至 A_2，这时加入的水量即代表被测根系的体积。

实验 27　根系活力的测定

27-1　α-萘胺氧化法

【实验原理】

植物的根系可通过过氧化物酶氧化吸附在根表面的 α-萘胺，生成红色的α-羟基-1-萘胺，沉淀于根的表面，使这部分根染成红色。过氧化物酶的活力越强，对 α-萘胺的氧化能力就越强，染色也就越深。所以可根据染色深浅判断根系活力强弱，还可通过测定溶液中未被氧化的 α-萘胺量，定量测定根系活力大小。

$$\text{α-萘胺}\ (NH_2) \xrightarrow{[O]} \text{α-羟基-1-萘胺}\ (NH_2,\ OH)$$

α-萘胺在酸性环境下与对氨基苯磺酸和亚硝酸盐作用产生红色的偶氮染料，可用比色法测定 α-萘胺含量。

$$\text{对氨基苯磺酸}\ (SO_3H,\ NH_2) + 2H^+ + NO_2^- \longrightarrow \text{重氮化合物}\ (SO_3H,\ N^+{\equiv}N) + 2H_2O$$

$$\text{α-萘胺}\ (NH_2) + \text{重氮化合物}\ (SO_3H,\ N^+{\equiv}N) \longrightarrow HO_3S{-}C_6H_4{-}N{=}N{-}C_{10}H_6{-}NH_2$$

对-苯磺酸-偶氮-α-萘胺

【材料与用品】

分光光度计、电子天平、三角烧瓶、量筒、移液管、容量瓶;

α-萘胺溶液:称取 10 mg α-萘胺,用 2 mL 左右的 95%乙醇溶解,加水到 200 mL,成为 50 μg/mL 的 α-萘胺溶液,再取 150 mL 该溶液加水稀释成 25 μg/mL α-萘胺溶液。

0.1 mol/L 磷酸缓冲液(PBS)(pH7.0)、1%对氨基苯磺酸(1 g对氨基苯磺酸溶解于 100 mL 30%乙酸溶液)、$NaNO_2$ 溶液(10 mg $NaNO_2$ 溶于100 mL水中)。

【实验步骤】

1. 定性观察

取待测植株(完全培养液和缺氮培养液植株各一棵),用水冲洗根部,用滤纸吸去表面的水分。然后将根系浸入盛有 25 μg/mL 的 α-萘胺溶液的容器中,容器外用黑纸包裹,静置 24~36 h 后观察根系着色状况。着色越深,其根系活力越大。

2. 定量测定

(1) 绘制α-萘胺标准曲线:以浓度为50 μg/mL 的α-萘胺溶液为母液。配制浓度为 0 μg/mL、5 μg/mL、10 μg/mL、15 μg/mL、20 μg/mL、30 μg/mL、35 μg/mL、40 μg/mL、45 μg/mL、50 μg/mL 的系列溶液,各取 2 mL 放入试管中,加蒸馏水10 mL,1%对氨基苯磺酸溶液 1 mL 和 $NaNO_2$ 溶液 1 mL,室温放置 5 min待混合液变成红色,再用去离子水定容到25 mL。在 20~60 min 内在 510 nm 处比色,读取吸光度,然后以吸光度作为纵坐标,α-萘胺浓度为横坐标作图,即得标准曲线。

(2) α-萘胺氧化:取待测植株(完全培养液和缺氮培养液植株各一棵),用水冲洗根部,剪下根系,用滤纸吸去表面的水分,称取 1~2 g 放入 100 mL 三角烧瓶中,加入50 μg/mL的α-萘胺溶液与 PBS(pH7.0)等量混合液 50 mL,轻轻振荡,并用玻棒将根全部浸入溶液中,静置10 min,吸取 2 mL 测定 α-萘胺含量(方法见下),作为实验开始时的数值。再将三角烧瓶加塞,放在 25℃恒温箱中,经一定时间后,再进行测定。另取一只三角烧瓶盛同样数量的溶液,但不放根,作为空白对照,作同样测定,求 α-萘胺自动氧化量的数值。

(3) α-萘胺含量的测定:吸取 2 mL 待测液,加入 10 mL 蒸馏水,再在其中加入 1%对氨基苯磺酸 1 mL 和 $NaNO_2$ 溶液 1 mL,室温放置 5 min 待混合液变成红色,再用蒸馏水定容到25 mL。在 20~60 min 内在 510 nm 处比色,读取吸光度,在标准曲线上查得相应的α-萘胺浓度。用实验开始 10 min 时的数值减去自动氧化的数值,即为溶液中所有的α-萘胺的量。被氧化的 α-萘胺的量以 μg/(g · h) 表示。

(4) 按下列公式计算 α-萘胺的氧化强度，求出根系活力大小：

$$\alpha\text{-萘胺的氧化强度} = \frac{25x}{\mathrm{FW}xt}$$

式中，x 为氧化的 α-萘胺浓度（μg/mL）；25 为样品被还原的 α-萘胺定容的量（mL）；FW 为待测植株的鲜重（g）；t 为氧化的时间（h）。

27-2　吸附亚甲蓝法

【实验原理】

根据沙比宁等的理论，植物对溶质的吸收具有吸附的特征，并假定这时在根系表面均匀地吸附了一层被吸附物质的单分子层，而后在根系表面产生吸附饱和，继之，根系的活跃部分能将原来吸附着的物质解吸到细胞中去，继续产生吸附作用。常用亚甲蓝作为吸附物质，它的被吸附量可以根据吸附前后外液亚甲蓝浓度的改变算出，亚甲蓝浓度可用比色法测定。已知 1 mg 亚甲蓝成单分子层时占有的面积为 1.1 m^2。据此可算出根系的总吸收面积，从解吸后继续吸附的亚甲蓝的量，即可算出根系的活跃吸收面积。

【材料与用品】

分光光度计、移液管、烧杯、比色管。

0.000 2 mol/L(0.064 g/L)亚甲蓝。

【实验步骤】

1. 将亚甲蓝溶液分别倒入 3 个小烧杯，编号，每个烧杯中溶液体积约 10 倍于根系的体积。准确记下每个烧杯中的溶液量。

2. 取待测植株（完全培养液和缺氮培养液植株各一棵），用水冲洗根部，剪下根系，用吸水纸小心吸干表面水分（切勿伤根），然后依次浸入盛有亚甲蓝溶液的烧杯中，在每杯中浸1.5 min（注意：每次取出时都要使亚甲蓝溶液能从根上流回到原杯中去）。

3. 分别从小烧杯中吸取亚甲蓝溶液 1 mL，用去离子水稀释 10 倍后，在 660 nm 处比色测吸光度，在标准曲线上求得各杯中所剩亚甲蓝毫克数，再根据杯中原有的亚甲蓝毫克数，求出每杯中为根系所吸收的亚甲蓝毫克数。

4. 将亚甲蓝溶液配成 1 μg/mL、2 μg/mL、3 μg/mL、4 μg/mL、5 μg/mL、6 μg/mL 的系列溶液，于 660 nm 处比色测吸光度，以亚甲蓝溶液浓度为横坐标、吸光度值为纵坐标作图，即得标准曲线。

5. 依照表 27-1 进行记录，并根据下列公式求出根的吸收面积：

总吸收面积/m^2=(第一杯中被吸收的亚甲蓝毫克数+

第二杯中被吸收的亚甲蓝毫克数)×1.1 m^2

活跃吸收面积/m^2=第三杯中被吸收的亚甲蓝毫克数×1.1 m^2

活跃吸收面积/%=(根系活跃吸收面积/根系总吸收面积)×100%

比表面积/(m^2/cm^3)=根系总吸收面积/根体积

表 27-1 测定根系吸收面积记录表

处理			完全培养液培养	缺氮培养液培养
亚甲蓝溶液体积/mL				
初始亚甲蓝浓度/(mg/mL)				
浸根后溶液亚甲蓝浓度/(mg/mL)	烧杯编号	1		
		2		
		3		
被吸附的亚甲蓝量/mg	烧杯编号	1+2		
		1		
		2		
		3		
根吸收总面积/m^2				
根活跃吸收面积/m^2				
活跃吸收面积/%				
根体积/cm^3				
总比表面积/(m^2/cm^3)				
活跃比表面积/(m^2/cm^3)				

27-3 氯化三苯基四氮唑法(TTC 法)

【实验原理】

同实验 13-2。

【材料与用品】

烧杯、分光光度计、容量瓶、恒温箱、石英砂、研钵、量筒、三角烧瓶、刻度试管。

乙酸乙酯、连二亚硫酸钠。

0.1% TTC:准确称取 TTC 0.1 g,用少量乙醇溶解,定容于 100 mL 30 mmol/L

的 PBS(pH 7.0)中。

1 mol/L H_2SO_4：用量筒取 98%浓 H_2SO_4 55 mL，边搅拌边加入盛有 500 mL 蒸馏水的烧杯中，冷却后稀释至 1 000 mL。

66 mmol/L PBS(pH 7.0)：称取 $Na_2HPO_4 \cdot 2H_2O$ 11.876 g 溶于蒸馏水中，定容至 1 000 mL，此为 A 液；称取 KH_2PO_4 9.078 g 溶于蒸馏水中，定容至 1 000 mL，此为 B 液。用时取 A 液60 mL、B 液 40 mL 混合即可。

【实验步骤】

1. 定性观察

将待测根系洗净后小心吸干表面水分，浸入盛有 0.1% TTC 反应液的三角烧瓶中，置于 37℃暗处 2～3 h，观察着色情况。

2. 定量测定

(1) 标准曲线的制作：配制浓度为 0、0.005%、0.01%、0.02%、0.03%和 0.04%的 TTC 溶液，各取 5 mL 放入刻度试管中，分别加入 5 mL 乙酸乙酯和少量 $Na_2S_2O_4$(约 2 mg，各管中量要一致)，充分振荡后产生红色的 TTF，转移到乙酸乙酯层，待有色液层分离后，补充 5 mL 乙酸乙酯，振荡后静置分层，取上层乙酸乙酯液，以空白作为参比，在分光光度计上于 485 nm 处测定各溶液的吸光度，以 TTC 浓度作为横坐标，吸光度值作为纵坐标绘制标准曲线。

(2) TTC 还原量的测定：取待测植株(完全培养液和缺氮培养液植株各一棵)，用水冲洗根部，用吸水纸小心吸干表面水分，称取根样品 1～2 g，浸没于盛有 10 mL 0.1% TTC 的烧杯中，于 37℃保温 3 h，然后加入1 mol/L硫酸 2 mL 终止反应。取出根，小心吸干表面水分后与 3～5 mL 乙酸乙酯和少量石英砂一起在研钵中充分研磨，以提取出 TTF，过滤后将红色提取液移入 10 mL 容量瓶，再用少量乙酸乙酯把残渣洗涤 2～3 次，皆移入容量瓶，最后补充乙酸乙酯至刻度，用分光光度计于485 nm 处比色，以空白试验(先加 H_2SO_4，再加根样品)作为参比测吸光度，查标准曲线，即可求出 TTC 的还原量。

(3) 计算：

$$\text{TTC 还原强度} = \text{TTC 还原量} / \text{根重} \times \text{时间}$$

式中，TTC 还原量与根重的单位都是 g；时间单位是 h。

实验 28 硝酸还原酶的提取和测定

【实验原理】

硝酸还原酶是植物氮素代谢作用中的关键性酶，其催化的反应如下：

$$NO_3^- + NADH + H^+ \longrightarrow NO_2^- + NAD^+ + H_2O$$

反应所产生的 NO_2^- 含量可用磺胺(对氨基苯磺酸胺)比色法测定。在酸性溶液中磺胺与 NO_2^- 形成重氮盐,再与 α-萘胺偶联形成紫红色的偶氮染料。

【材料与用品】

冷冻离心机、石英砂、纱布、研钵。

提取液:含 25 mmol/L PBS、1 mmol/L EDTA、10 mmol/L 半胱氨酸(pH 8.8)。

$NaNO_2$ 标准液:1 g $NaNO_2$ 用蒸馏水溶解成 1 000 mL,吸取 5 mL 加蒸馏水再稀释成 1 000 mL,此溶液 $NaNO_2$ 浓度为 5 μg/mL。

0.1 mmol/L KNO_3[取 10.11 g KNO_3,溶于 1 000 mL 0.1 mol/L PBS (pH 7.4)]、2 mg/mL NADH、磺胺试剂(1 g 磺胺加 25 mL 浓盐酸,用蒸馏水稀释至 100 mL)、α-萘胺试剂(0.2 g α-萘胺溶于含 1 mL 浓盐酸的蒸馏水中,稀释至 100 mL)。

【实验步骤】

1. 酶的提取

剪取待测植株(完全培养液和缺氮培养液植株各一棵)的叶片,用水冲洗,用吸水纸吸干,切成小块。称取 0.5 g 放于研钵中,冰冻 30 min。然后加入适量石英砂和提取液,磨成匀浆。匀浆用两层纱布过滤,0~4℃、4 000 r/min 冷冻离心15 min,得到的上清液即为酶的粗提液。

2. 标准曲线的制作

吸取不同浓度 $NaNO_2$ 的溶液(0 μg/mL、0.5 μg/mL、1 μg/mL、2 μg/mL、3 μg/mL、4 μg/mL、5 μg/mL)1 mL 于试管中,加入磺胺试剂 2 mL 及 α-萘胺试剂 2 mL,混合摇匀,静置 30 min(或于一定温度水浴保温 30 min),立即于分光光度计(520 nm)比色。以吸光度值为纵坐标,$NaNO_2$ 浓度为横坐标作图,即得标准曲线。

3. NO_2^- 含量的测定

吸取酶粗提液 0.2 mL 于一试管中,加入 0.5 mL KNO_3 溶液,0.3 mL NADH,混合后在 25℃保温 30 min。保温结束后立即加入磺胺试剂 2 mL 及 α-萘胺试剂 2 mL,混合摇匀,静置 15 min,用分光光度计(520 nm)进行比色测定,记下吸光度值,以不加 NADH 的(加入 0.3 mL 水)作为空白对照。从标准曲线上读出 NO_2^- 含量,再计算酶活力,以每小时每克鲜重产生的 NO_2^- 含量(μg 或 μmol)表示。

【注意事项】

测定 NO_2^- 的磺胺比色法很灵敏,可检出低于 1 μg/mL 的 $NaNO_2$ 含量,可于 0~5 μg/mL 浓度范围内绘制标准曲线。由于显色反应的速度与重氮反应及偶联作用有关,温度、pH 都影响显色速度,同时也影响灵敏度,但如果标准与样品的测

定都在相同条件下进行，则显色速度相同，彼此可以比较。

【思考题】

比较不同培养液中生长的植物根系的体积、活力、硝酸还原酶活性的差异并分析其原因。

第十三章　植物光合性能的测定

植物的光合性能是指植物吸收光能、CO_2 和水并将之转换为有机化合物和 O_2 的能力，它主要包括植物利用光能的能力和利用 CO_2 的能力。植物的光合性能可以通过植物的光合速率、CO_2 补偿点、CO_2 饱和点、光补偿点、光饱和点、植物的羧化效率、表观光合量子效率、光化学效率得到衡量；同时，植物的光合能力受到叶绿素的含量与组成的制约，还受到植物叶面积的影响。植物光合性能的测定对于研究植物的光合生理及逆境对植物生长的影响具有重要意义。

实验 29　植物叶片光合速率及其气体交换参数的测定

光合作用是植物体内最为重要的同化过程，光合速率的测量是研究植物的光合性能、诊断植物光合机构的运转、研究环境因素对光合作用的影响的重要方法。

根据光合作用的公式 $CO_2+H_2O \longrightarrow CH_2O+O_2$，测定植物的光合速率有下列三类方法：

(1) 测定干物质积累的半叶法、改良半叶法。

(2) 测定 O_2 释放的氧电极法。

(3) 测定 CO_2 吸收的气流法，即利用红外气体分析仪测定光合速率。

在这三种方法中，方法(1)过于粗糙，误差较大、可靠性差，且过于耗时，仅可用于验证性实验。方法(2)通过测定液体中的含氧量的连续变化来测定光合速率，可在液体中加入各种试剂来测定其对氧释放的影响，并可用于研究藻类植物的光合速率，具有较高的灵敏度，适于实验室中使用。方法(3)通过直接测定活体叶片的 CO_2 交换，可以迅速准确地测出光合速率，近年来便携式光合作用系统的出现，使之可以广泛地用于田间和实验室；同时通过内置或外接计算机改变叶室的光强、CO_2 浓度、湿度，还可以非常迅速方便地测定植物的 CO_2 补偿点、CO_2 饱和点、光补偿点、光饱和点、植物的羧化效率、表观光合量子效率、蒸腾速率等指标。在研究逆境生理、生态生理中得到了广泛的利用。下面就以气流法为例说明植物叶片光合速率的测定。

【实验原理】

由异原子组成的气体分子在微米波段都有红外吸收(如 CO、CO_2、NH_3、NO、NO_2、H_2O 等),每种气体都有特定的吸收光谱(CO_2 的最大吸收峰位于 $\lambda = 4.26\ \mu m$ 处),在一定 CO_2 浓度范围内,其红外吸收与其浓度呈线性关系。

用于测定 CO_2 红外吸收的装置称为红外气体分析仪(infra-red gas analyzer, IRGA),一台 IRGA 包括 IR 辐射源、气路、检测器三部分,而一套先进的开放式光合作用系统,可能由 2～4 台 IRGA 组成,通过下面的气路设计思路,分别测定叶室与参比室的 CO_2 浓度,然后通过以下公式计算出光合速率。

$$Pn = f(Cr - Cs)/S$$

式中,f 为气体流速,Cr 为进入参比室的 CO_2 的浓度,Cs 为离开叶室的 CO_2 的浓度,S 为夹入叶室的叶片面积(图 29 - 1)。

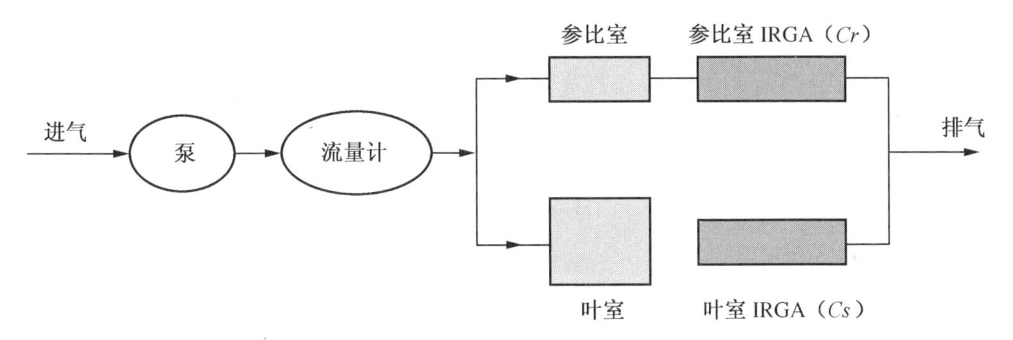

图 29 - 1　双气室光合作用系统结构示意图

现在生产的便携式光合作用系统,可以同时监测参比室和叶室的水蒸气含量,因此可以同时测量植物的蒸腾速率:

$$Tr = f(Hs - Hr)/S$$

这些结果不需人工计算,可直接通过内置或外接计算机的程序算出。式中,Hr 为进入参比室的水分的浓度,Hs 为离开叶室的气体中水的浓度。

【材料与用品】

玉米(或其他植物),将玉米种子充分吸胀后播种于细砂中,出苗后浇以 Hoagland 培养液,长至 5 叶期时可用于做实验。

Li - 6400 便携式光合作用系统或 Ciras - 2 便携式光合作用系统(本实验以 Ciras - 2 便携式光合作用系统为例)。

【实验步骤】

1. 在实验前一天主机电池充电、掌上电脑充电,如果利用卤灯光源须检查蓄电池,为蓄电池充电。同时检查 CO_2 吸附剂[$Ca(OH)_2$]、干燥剂(无水 $CaSO_4$ 或硅胶),如果 CO_2 吸附剂和干燥剂有近 1/2 变色,须按说明进行更换。

2. 在实验时将主机与叶室手柄连接,如需 CO_2 调节器则安装 CO_2 调节器,如需卤灯光源或 LED 光源,则安装光源(卤灯光源须连接光源蓄电池)。

3. 打开光合仪主机电源。

4. 打开掌上电脑,双击 Ciras - RCS,进入 Ciras 控制功能。

5. 键入用户名进入 Ciras 登录。

6. 进入操作界面,系统约需 5 min 的时间进行预热,同时系统自动进行 IRGA 调零并对参比室和叶室的 IRGA 进行差分平衡。

7. 点击 Setting 进行系统设置:点击 Cuvette Environment 设定叶室参数,如果进行一般性测定,在实验前须先将仪器背部的 CO_2 吸收管换成空白管,然后在 Cuvette Environment 中将 CO_2 浓度键入"0",使用大气中的 CO_2,PAR 中也键入"0",利用太阳光强度,Temperature 中选择"Track ambient",不对系统进行温度控制;如果想利用 CO_2 控制器或卤灯光源,则在 CO_2 浓度和 PAR 中键入所需要的数值;点击 OK 接受设定。

8. 点击 Record 选择记录数据的方式;一般性测量选择 Key Press Recording,通过点击按键记录,输入文件名以贮存数据。

9. 夹入叶片,在电脑屏幕上的数据稳定后,在叶室参数稳定后按 Start 进入记录状态,每按一次 Single 记录一次测定结果,按顺序测定实验叶片的光合速率。

10. 测量完备,按 Stop 停止测定,仪器自动保存结果。

11. 退出系统。

12. 关闭主机电源,关闭掌上电脑;取下叶室手柄、主机充电电池。

【结果分析】

1. 测定的结果贮存于掌上电脑中,可以通过 Active Sync 通信软件将掌上电脑连到台式机中,将结果输出到台式机中,用 Excel 软件对结果进行分析,并可打印出来。

2. 无论是 Li - 6400 型还是 Ciras - 2 型光合作用系统,都可以在测定光合速率的同时记录二十多个光合作用指标,其中几个主要的测定指标见表 29 - 1。

表 29 - 1　实验主要测定指标

测定指标	中　文　含　义	单　　位
Pn	净光合速率	μmol/(m^2 · S)
Tr	蒸腾速率	mmol/(m^2 · S)

续 表

测定指标	中文含义	单位
Ci	叶肉细胞间隙 CO_2 浓度	μL/L
Cond	气孔导度	mmol/(m^2 · S)
Cr	参比室 CO_2 浓度	μL/L

另外，根据上述结果，同时可以计算导致叶片光合速率变化的气孔限制因素和非气孔限制因素。气孔限制值(Ls)的计算公式如下：

$$Ls = 1 - Ci/Cr$$

【注意事项】

1. 在田间测定时，供给叶室的空气须取自 2 m 以上的空中，并离开人群 5 m 以外，以防止 CO_2 浓度的波动。而在室内测定时，空气须来自室外，或最好利用压缩气体钢瓶提供 CO_2，利用 CO_2 控制器控制 CO_2 浓度。

2. 在测定植物的光合速率前须对植物进行光适应，使其气孔处于开放状态。

3. 实验后须松开叶室，使叶室密封垫恢复正常状态。

【思考题】

1. 测定植物光合速率的方法有几种？其原理分别是什么？

2. 利用 IRGA 测定植物的光合速率，对植物和环境有什么要求？

实验 30 植物光响应曲线和 CO_2 响应曲线的制作

【实验原理】

Ciras－2 便携式光合作用系统具有全自动控制叶室 CO_2 浓度和光强度的功能，因此可以通过测定不同 CO_2 浓度下以及不同光强度下的光合速率，制作植物的植物光响应曲线和 CO_2 响应曲线，同时可由此测出植物的 CO_2 补偿点、CO_2 饱和点、光补偿点、光饱和点、植物的羧化效率、表观光合量子效率等。

【材料与用品】

玉米(C_4 植物)或菜豆(C_3 植物)幼苗。

Ciras－2 便携式光合作用系统，同时配备 CO_2 压缩气体钢瓶提供 CO_2，CO_2 控制器，卤灯光源或 LED 光源以提供不同光强的光。

【实验步骤】

1. 实验前一天主机电池充电、掌上电脑充电，为卤灯光源蓄电池充电。同时检

查 CO_2 吸附剂、干燥剂,如果有近一半变色,须按说明进行更换。

2. 实验时将主机与叶室手柄连接,在 CO_2 控制器内装入新的压缩 CO_2 气体钢瓶,将 CO_2 控制器安装到主机上,将卤灯光源或 LED 光源连接装到叶室上方,若用卤灯光源须为之提供蓄电池。

3. 打开主机电源。

4. 打开掌上电脑,双击 Ciras - RCS,进入 Ciras 控制功能。

5. 键入用户名进入 Ciras 登录。

6. 进入操作界面,系统约需 10 min 的时间进行预热,同时系统自动进行IRGA 调零并对参比室和叶室的 IRGA 进行差分平衡。

7. 打开叶室,夹入叶片。

8. 点击 Setting 菜单,进行系统设置:点击 Cuvette Environment 设定叶室参数。

9. 点击 Records,从中选择 Response Curves 来记录实验结果。

10. 在 Response Curves 菜单中,设计如下的 CO_2 浓度和光强度表(表30 - 1)。

表 30 - 1 CO_2 浓度和光强度表

项 目	编 号												
	1	2	3	4	5	6	7	8	9	10	11	12	13
CO_2 浓度/(μL/L)	0	50	100	200	300	400	500	500	500	500	500	500	500
光强度/[μmol/(m² · S)]	1 000	1 000	1 000	1 000	1 000	1 000	1 000	800	600	400	200	100	0

表 30 - 1 中的 1～7 号,测定的是不同 CO_2 浓度下植物的光合作用参数;表中的 7～13 号,测定的是不同光强度下植物的光合作用参数。因为所用的植物是 C_4 植物玉米,所以表中设计的 CO_2 浓度较低,最高值略高于大气 CO_2 浓度即可测到玉米的 CO_2 饱和现象。如果实验植物用的是 C_3 植物,表中的 CO_2 浓度应相应增加到 1 200～1 400 μL/L 甚至更高方有可能测出 CO_2 饱和现象。

11. 设定测量每个记录间的时间,为使植物有充分的时间适应所设定的 CO_2 浓度和光强度,每两个记录间隔最少应定义 180～240 s。

12. 按 OK 键确定,同时起一个文件名储存实验数据。

13. 在系统达到第一个设定的叶室参数时[参比室 CO_2 浓度为 0,光强度为 1 000 μmol/(m² · S)],按 Start,仪器开始自动记录。

14. 仪器按顺序测定完所有的记录后,显示“是否再进行下一个反应曲线的测定”,选择“No”退出响应曲线的制作。

15. 退出系统。

16. 关闭主机、关闭掌上电脑。取下叶室、光源、主机充电电池。

【结果分析】

1. 结果输出，填入表 30－2 中。

表 30－2 实验结果记录表

测定指标	编号												
	1	2	3	4	5	6	7	8	9	10	11	12	13
Cr													
PAR													
Ci													
Pn													
Cond													
Tr													

2. 将 1～7 号数据以 *Cr* 为横坐标，*Pn* 为纵坐标作图，得到 *Pn*－*Cr* 曲线。如图 30－1 所示，在 CO_2 浓度较低时，该段曲线为一直线，直线与 *Pn*＝0 线的交叉点所对应的 CO_2 浓度即为植物的 CO_2 补偿点，随 CO_2 浓度的升高到一定程度，光合速率不再继续升高时的 CO_2 浓度即为植物的 CO_2 饱和点。

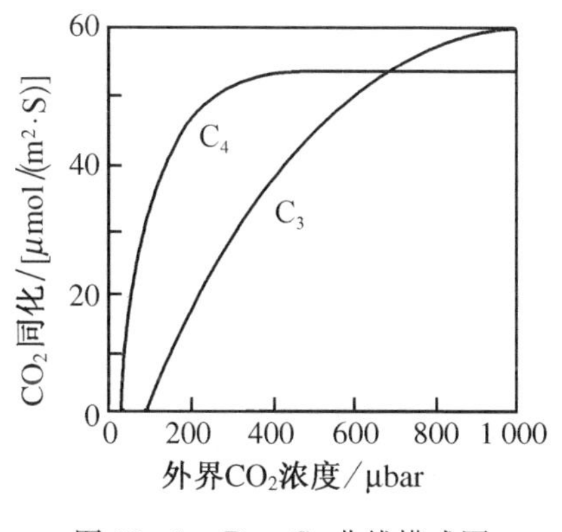

图 30－1 *Pn*－*Cr* 曲线模式图

(1 bar＝10^5 Pa)

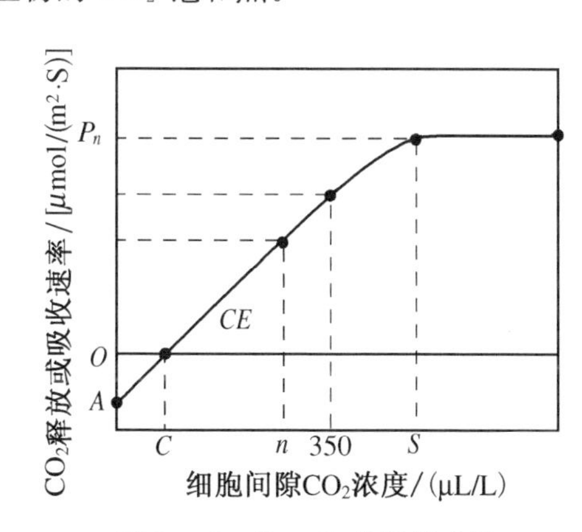

图 30－2 *Pn*－*Ci* 曲线模式图

3. 将 1～7 号数据以 *Ci* 为横坐标，*Pn* 为纵坐标作图 30－2，得到 *Pn*－*Ci* 曲线（又称 *A*－*Ci* 曲线）。在 CO_2 浓度较低时，该段曲线为一直线，直线的斜率称为该植物的羧化效率，羧化效率的高低反映了植物的 Rubisco 的活性。

4. 将 7～13 号数据以光强度为横坐标，以 *Pn* 为纵坐标作图，得到 *Pn*－*PAR*

曲线(又称光曲线),如图 30－3 所示,在光强度较低时,该曲线为一直线,直线与 Pn＝0的交叉点所对应的光强度即为植物的光补偿点,直线的斜率即为植物的表观光合量子效率。表观光合量子效率反映了植物对光的利用效率。随着光强度的增加,Pn 不再继续升高的点即为光饱和点。

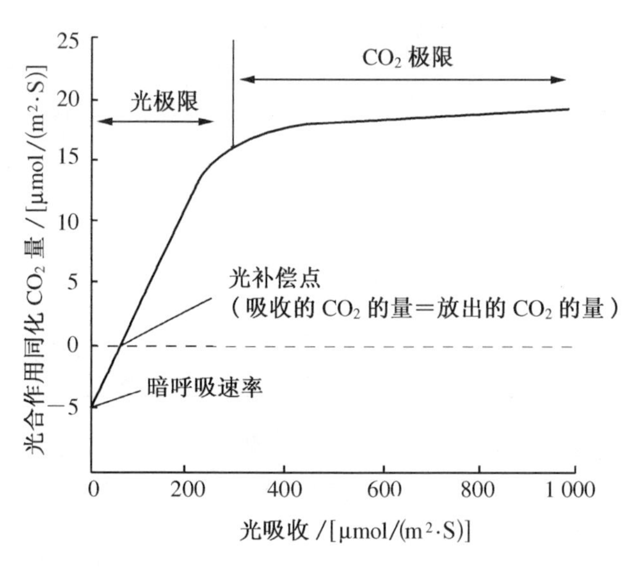

图 30－3　Pn－PAR 曲线模式图

【注意事项】

在设计曲线时须注意:测 CO_2 浓度对光合作用的影响时应固定光强度,而测光强度对光合的影响时要固定 CO_2 浓度,建议先用较高的光强度和较低的 CO_2 浓度诱导植物的气孔开放。

【思考题】

1. 假设所用的植物为 C_3 植物,将如何设计 CO_2 浓度和光强度?
2. C_3 植物与 C_4 植物的 CO_2 补偿点、CO_2 饱和点、光饱和点有何区别?
3. 观察气孔导度、蒸腾速率随光强度、CO_2 浓度的变化,并思考其原因。

实验 31　Chla 与 Chlb 含量的测定(分光光度法)

Chla 与 Chlb 是高等植物叶绿体色素的重要组分,约占叶绿体色素总量的 75%左右。叶绿素在光合作用中起到吸收光能、传递光能的作用(少量的 Chla 还具有光能转换的作用)，因此叶绿素的含量与植物的光合速率密切相关，在一定范围内，光合速率随叶绿素含量的增加而升高。另外，叶绿素的含量是植物生长状态的一个反映，一些环境因素如干旱、盐渍、低温、大气污染、元素缺乏都可以影响叶绿素的含量与组成，并因之影响植物的光合速率。因此 Chla 与 Chlb 含量的测定对研究植物的光合生理与逆境生理具有重要意义。

【实验原理】

叶绿素提取液中同时含有 Chla 和 Chlb，二者的吸收光谱虽有不同，但又存在着明显的重叠，在不分离 Chla 和 Chlb 的情况下同时测定 Chla 和 Chlb 的浓度，可分别测定在 663 nm 和 645 nm(分别是 Chla 和 Chlb 在红光区的吸收峰)的光吸收，然后根据 Lambert－Beer 定律，计算出提取液中 Chla 和 Chlb 的浓度。

$$A_{663}=82.04C_{a}+9.27C_{b} \quad (1)$$

$$A_{645}=16.75C_{a}+45.60C_{b} \quad (2)$$

式中，C_a 为 Chla 的浓度，C_b 为 Chlb 浓度(g/L)，82.04 和 9.27 分别是 Chla 和 Chlb 在 663 nm 下的比吸光系数(浓度为 1 g/L、光路宽度为 1 cm 时的吸光度值)；16.75 和 45.60 分别是 Chla 和 Chlb 在645 nm下的比吸光系数。即混合液在某一波长下的光吸收等于各组分在此波长下的光吸收之和。

将上式整理，可以得到下式：

$$C_{a}/(g/L)=0.012\,7A_{663}-0.002\,69A_{645} \quad (3)$$

$$C_{b}/(g/L)=0.022\,9A_{645}-0.004\,68A_{663} \quad (4)$$

$$C_{t}(g/L)=C_{a}+C_{b}=0.008\,02A_{663}+0.020\,21A_{645} \quad (5)$$

将叶绿素的浓度单位改为 mg/L，则上式变为：

$$C'_{a}/(mg/L)=12.7A_{663}-2.69A_{645} \quad (6)$$

$$C'_{b}/(mg/L)=22.9A_{645}-4.68A_{663} \quad (7)$$

$$C_{t}'(mg/L)=C'_{a}+C'_{b}=8.02A_{663}+20.21A_{645} \quad (8)$$

式中，C_t 和 C'_t为叶绿素的总浓度。

【材料与用品】

菠菜(或其他绿色植物)。

UV－1700 分光光度计、天平、剪刀、打孔器、研钵、移液管、漏斗、量筒、培养皿、滤纸。

丙酮、石英砂、$CaCO_3$。

【实验步骤】

1. 提取叶绿素

选取有代表性的菠菜叶片数张,于天平上称取 0.5 g(也可用打孔器打取一定数量的叶圆片,计算总的叶面积),剪碎后置于研钵中,加入 5 mL 80%丙酮、少许 $CaCO_3$ 和石英砂。仔细研磨成匀浆,用漏斗过滤到 10 mL 量筒中,注意在研钵中加入少量 80%丙酮将研钵洗净,一并转入研钵中过滤到量筒内,并定容至 10 mL。将量筒内的提取液混匀,用移液管小心抽取 5 mL 转入 25 mL 量筒中,再加入 80%丙酮定容至 25 mL(最终植物材料与提取液的比例为 $W:V=0.5:50=1:100$,叶色深的植物材料比例要稀释到 1∶200)。

2. 测量光吸收

在 UV-1700 分光光度计上,在对照比色皿中加入 3 mL 80%丙酮溶液作为对照,在另一比色皿中加入 3 mL 叶绿素提取液,利用多波长模式测定提取液在 663 nm 和 645 nm 下的光吸收。利用 722 分光光度计时需分别测 663 nm 和 645 nm 下的光吸收。

【结果分析】

将测得的数值代入公式(6)(7)(8)中,计算出 Chla、Chlb 和总叶绿素的浓度。最后要计算出单位叶片鲜重中叶绿素的含量:

$$\begin{aligned}\text{Chla 含量}/(\text{mg/g}) &= C_a' \times 50\ \text{mL(总体积数)} \times 1\ \text{mL} \div 1\,000\ \text{mL/L} \\ &\quad \div 0.5\ \text{g} \\ &= 0.1C_a'\end{aligned}$$

$$\text{Chlb 含量}/(\text{mg/g}) = 0.1C_b'$$

$$\text{总叶绿素含量}/(\text{mg/g}) = 0.1C_t'$$

【思考题】

1. 叶绿素在蓝光区的吸收峰高于红光区的吸收峰,为何不用蓝光区的光吸收来测定叶绿素的含量?

2. 计算 Chla 与 Chlb 含量的比值,可以得到什么结论?

3. 比较阳生植物和阴生植物的 Chla 和 Chlb 的含量及比例,可以得到什么结论?

实验 32 乙醇酸氧化酶活性测定

乙醇酸氧化酶(glycolate oxidase, GO)是光呼吸代谢的关键酶。在光呼吸中,Rubisco 将 RuBP 氧化成 3-PGA 和磷酸乙醇酸,GO 将乙醇酸氧化生成乙醛酸和过氧化氢,因此 GO 活性的大小在一定程度上反映了植物光呼吸的强弱。

【实验原理】

GO催化乙醇酸氧化生成乙醛酸和过氧化氢,乙醛酸与盐酸苯肼反应生成乙醛酸苯腙。后者在324 nm下有吸收峰,其吸光系数为17 L/(mmol·cm),因此可以通过测定324 nm光吸收的增加计算生成的乙醛酸苯腙的量,从而反映生成乙醛酸的速度。

【材料与用品】

新鲜菠菜等植物叶片。

紫外分光光度计、冷冻离心机、天平、研钵、移液枪、漏斗、烧杯、试管、纱布等。

提取介质:含50 mmol/L Tris-HCl (pH 7.8)、0.01%(V/V) Triton-X100、5 mmol/L DTT、5 mg/mL PVPP。

反应介质:50 mmol/L Tris - HCl缓冲液(pH 7.8),含0.009%(V/V) Triton - X100、3.3 mmol/L盐酸苯肼。

100 mmol/L乙醇酸(用KOH调节至pH 7.0)。

【实验步骤】

1. 酶液提取

取0.5 g叶片切碎,加入3 mL提取介质混合研磨,30 000 g 离心20 min,上清液即为酶液。以上操作都在4℃下进行。

2. 酶活性测定

50 μL酶提取液加入2 mL反应介质,25℃保温,加入50 μL 100 mmol/L乙醇酸启动反应,在紫外分光光度计下测其A_{324}。在第一分钟和第三分钟时各记录一次(第一分钟为反应延迟期),分别记为A_1、A_3。以不加乙醇酸底物的作为对照。

3. 酶活性计算

以每分钟内转化生成乙醛酸的量表示酶活性,单位为μmol/(g·min)。

$$\text{酶活性}=\frac{(A_3-A_1)\times 42\times 3}{0.5\times 17\times 2}$$

式中,A_3-A_1为两分钟内的吸光度差;42是酶液在反应体系内的稀释倍数;3为提取液总体积;0.5为材料鲜重;17为吸光系数,2为反应时间2 min。

【注意事项】

酶的提取在4℃下进行。

【思考题】

1. C_3植物和C_4植物乙醇酸氧化酶活性有无差异?

2. 乙醇酸氧化酶在光呼吸中有何生理意义?

实验 33　光呼吸速率的测定

光呼吸是绿色植物在光下吸收 O_2 释放 CO_2 的过程，其产生的根本原因在于 Rubisco 具有双向催化活性，其底物 O_2 和 CO_2 存在着相互竞争的关系。光呼吸虽然会造成光合产物的浪费，但它对植物本身具有重要的保护作用。目前测定光呼吸常用的方法主要有低氧抑制法和 CO_2 猝发峰法。

33-1　低氧抑制法

【实验原理】

光呼吸受到 O_2 的促进，但 O_2 对暗呼吸的影响较小，因此在低氧浓度(2% O_2)下叶片的光呼吸会受到明显抑制，从而提高了植物的净光合速率。将低氧下的净光合速率与正常 O_2 浓度下(21% O_2)的净光合速率进行比较，其差值即可看作是光呼吸速率。但该法由于降低了 O_2 浓度，因此减少了 O_2 对 Rubisco 的竞争性抑制，同时使暗呼吸速率也有所降低，因此所测得的光呼吸数值会略高于实际值。

【材料与用品】

番茄、蜀葵等 C_3 植物。

Ciras-2 便携式光合作用系统等光合仪、贮有 98% N_2 和 2% O_2 的气体钢瓶。

【实验步骤】

1. 按前面实验所述连接 Ciras-2 便携式光合作用系统，在 CO_2 控制器内装入新的压缩 CO_2 气体钢瓶，将 CO_2 控制器安装到主机上，将卤灯光源或 LED 光源连接装到叶室上方，在主机背后装入 CO_2 吸附剂，光合仪进气口连接气体缓冲瓶。

2. 打开主机电源。

3. 打开掌上电脑，双击 Ciras-RCS，进入 Ciras 控制功能。

4. 键入用户名登录 Ciras。

5. 进入操作界面，系统约需 10 min 进行预热，同时系统自动进行 IRGA 调零并对参比室和叶室的 IRGA 进行差分平衡。

6. 设置叶室温度 25～28℃，光强 1 000 μmol/(m^2 · S)(依不同植物而异)，CO_2 浓度 420 ppm。

7. 打开叶室，夹入叶片。

8. 先测量正常 O_2 浓度(21%)下的净光合速率 $Pn_{21\%}$。

9. 将进气口的气体换成 2% O_2，其他条件不变，测量植物在低氧下的净光合速率 $Pn_{2\%}$。

10. 两次的差值 $Pn_{2\%}-Pn_{21\%}$ 即为植物的光呼吸速率。

11. 其他操作同前。

【注意事项】

1. 数据应该在系统稳定后采集。

2. 提供 2% O_2 时可先将气体从钢瓶放入一个大塑料袋中密封，测量时将通气管插入即可。

3. 实验通过 CO_2 气体钢瓶供应 CO_2，通过 CO_2 控制器控制 CO_2 浓度，外来气体中所含的 CO_2 全部被 CO_2 吸附剂吸收，可以降低实验误差。

33-2　CO_2 猝发峰法

【实验原理】

美国科学家 Decker 发现，照光的叶片当突然关闭光源后，植物会有一个短暂的 CO_2 高浓度释放，称为 CO_2 猝发(CO_2 burst)，这一现象导致光呼吸现象的发生。之所以会出现 CO_2 猝发是因为光下的植物突然进入黑暗，光合 CO_2 的吸收会立即停止，但光呼吸释放 CO_2 的过程却可持续进行一段较短的时间(<1 min)，然后随着光呼吸的结束只剩下平稳的暗呼吸带来的 CO_2 释放。该方法所测的结果往往低于实际值，因为该方法是在 CO_2 释放速率下降的过程中进行测定的结果。

【材料与用品】

番茄、蜀葵等 C_3 植物。

Li-6400 便携式光合系统等光合仪。

【实验步骤】

1. 连接好 Li-6400 便携式光合系统，安装 LED 电源或直接用外部日光，气体取自 5 m 外、2 m 以上的空中，或用压缩 CO_2 气体钢瓶提供稳定的 CO_2 浓度。

2. 打开电源，预热 15 min。

3. 进入 Calibration Menu 菜单，流量计、IRGA 调零。

4. 进入 New Measurement 菜单，按 Open File 起文件名。

5. 若用 LED 光源则按 Lamp On 键设定光强为 1 000 μmol/(m² · S)(视不同植物而定)。

6. 夹入叶片。

7. 待植物光合稳定后，使用 Log 键记录光下净光合速率 Pn_1。

8. 按 Lamp On 键设定光强为 0 μmol/(m² · S)以关闭光源，若用日光则须将预先准备好的黑布罩在叶室上方。

9. 观察到 1 min 内净光合速率急剧下降，记录下此时的净光合速率 Pn_2(是一负值)。

10. 随后净光合速率再次上升,稳定在一个负值,这是植物的暗呼吸速率,记为 Pn_3。

11. $Pn_3 - Pn_2$ 即为植物的光呼吸速率。

12. 关闭文件,取出叶片,退出系统,关闭电源。

【注意事项】

1. 该方法不必配气,因此操作方式较上一方法简单。

2. 由于该方法是在数据变化的过程中进行测定的,因此需要细心监测数据的变化。同时由于 CO_2 猝发是一很短的过程,因此最好选用 IRGA 靠近叶室的光合仪,这样能够对 CO_2 的浓度变化做出最快的响应,若 IRGA 离叶室太远则会导致响应过慢,猝发峰不明显,所测数值偏小,因此建议用 Li-6400 便携式光合作用系统,而不是 Ciras-2 便携式光合作用系统。

【思考题】

1. 比较 C_3 植物与 C_4 植物的光呼吸速率,并说明其大小差异的原因。

2. 为什么光呼吸速率难以准确测得?

实验 34　RuBP 羧化酶羧化活性的测定

RuBP 羧化酶是植物界含量最为丰富的蛋白质,占叶可溶性蛋白质的 50%以上,它是一种双功能酶,既可催化 RuBP 的羧化反应,又可催化加氧反应,故其全名为核酮糖-1,5-二磷酸(RuBP)羧化/加氧酶(RuBP carboxylase/oxygenase, Rubisco)。在大气 CO_2 浓度下,其羧化酶活性约是加氧酶活性的 3 倍,其活性的大小与植物的光合能力密切相关,可以通过同位素标记法和偶联法测定其羧化活性。

【实验原理】

在 Rubisco 的催化下,1 分子的 RuBP 与 1 分子的 CO_2 结合,产生 2 分子的 3-磷酸甘油酸(PGA),PGA 可通过外加的 3-磷酸甘油酸激酶和 3-磷酸甘油醛脱氢酶的作用,产生 3-磷酸甘油醛,并使 NADH 氧化,反应如下:

$$\text{RuBP} + CO_2 + H_2O \xrightarrow{\text{Rubisco}} 2\text{PGA}$$

$$\text{PGA} + \text{ATP} \xrightleftharpoons{\text{3-磷酸甘油酸激酶}} \text{1,3-二磷酸甘油酸} + \text{ADP}$$

$$\text{1,3-二磷酸甘油酸} + \text{NADH} + H^+ \xrightleftharpoons{\text{3-磷酸甘油醛脱氢酶}} \text{3-磷酸甘油醛} + \text{NAD}^+ + \text{磷酸}$$

从以上反应看，每1分子RuBP羧化就有2分子NADH氧化，NADH在340 nm下有光吸收，可以通过反应体系在一定时间内340 nm下光吸收的下降表示Rubisco的活性。

【材料与用品】

新鲜的植物材料如菠菜、小麦等叶片。

紫外分光光度计、高速冷冻离心机、匀浆器、试管。

5 mmol/L NADH、25 mmol/L RuBP；200 mmol/L $NaHCO_3$、160 μg/mL 磷酸肌酸激酶溶液、160 μg/mL 甘油醛－3－磷酸脱氢酶溶液、50 mmol/L ATP、50 mmol/L 磷酸肌酸、160 μg/mL 磷酸甘油酸激酶溶液。

提取介质：40 mmol/L pH7.6 Tris－HCl 缓冲液，内含10 mmol/L $MgCl_2$、0.25 mmol/L EDTA－Na_2、5 mmol/L谷胱甘肽。

反应介质：100 mmol/L pH7.8 Tris－HCl 缓冲液，内含12 mmol/L $MgCl_2$、0.4 mmol/L EDTA－Na_2。

【实验步骤】

1. 酶粗提液的制备

取新鲜植物叶片10 g，洗净擦干，放匀浆器中，加入10 mL 10℃预冷的提取介质，高速匀浆30 s，停30 s，交替进行3次；匀浆经4层纱布过滤，滤液于20 000*g* 4℃下离心15 min，弃沉淀；上清液即酶粗提液，置0℃保存备用。

2. Rubisco活性测定

按表34－1配制酶反应体系，总体积为3 mL。

表34－1

试　剂	加入量/mL	试　剂	加入量/mL
5 mmol/L NADH	0.2	反应介质	1.4
50 mmol/L ATP	0.3	160 μg/mL 磷酸肌酸激酶	0.1
酶粗提液	0.1	160 μg/mL 磷酸甘油酸激酶	0.1
50 mmol/L 磷酸肌酸	0.2	160 μg/mL 甘油醛－3－磷酸脱氢酶	0.1
0.2 mol/L $NaHCO_3$	0.2	蒸馏水	0.3

将配制好的反应体系摇匀，倒入比色杯内，以蒸馏水为空白，在紫外分光光度计上340 nm处反应体系的吸光度作为零点值。将0.1 mL RuBP加于比色杯内迅速混匀，并马上计时，每隔30 s测一次吸光度，共测3 min。以零点到第一分钟内吸光度下降的绝对值计算酶活性。

由于酶提取液中可能存在PGA,会使酶活力测定产生误差,因此除上述测定外,还需做个不加RuBP的对照。对照的反应体系与上述酶反应体系完全相同,不同之处只是把酶提取液放在最后加,加后马上测定此反应体系在340 nm处的吸光度,并记录前1 min内吸光度的变化量,计算酶活性时应减去这一变化量。

3. 结果计算

$$\text{Rubisco 活性} = \frac{\Delta A \times N \times V}{6.22 \times 2 \times d \times \Delta t \times \text{FW}}$$

式中,ΔA:反应最初1 min内340 nm处吸光度变化的绝对值减去对照液最初1 min内的变化量;N:稀释倍数;V:提取液总体积(10 mL);6.22:每微摩尔NADH在340 nm处的消光系数;2:表示每固定1 mol CO_2有2 mol NADH被氧化;Δt:测定时间(1 min);d:比色杯光程(1 cm);FW:材料鲜重(10 g)。

【注意事项】

1. 酶的提取在低温下进行。

2. Rubisco在体内的含量很高,但只有一部分是活化的,上面所测的是它的初始活性。将酶液与反应液混合后,在25℃保温10～20 min后充分活化,再加入RuBP启动反应,按上述方法测定其活性,这是Rubisco的总活性。Rubisco的活化率=初始活性/总活性×100%。

3. RuBP很不稳定,特别在碱性条件下,因此使用不要超过4周,且应在pH 5.0～6.5间－20℃保存,最好现用现配。

【思考题】

1. 实验中为什么要加入磷酸肌酸和磷酸肌酸激酶?

2. Rubisco的羧化和加氧活性受什么因素调节?

实验35　PEP羧化酶活性的测定

磷酸烯醇式丙酮酸(PEP)羧化酶(PEPCase)是C_4植物和CAM植物光合碳代谢的关键酶,此酶起着浓缩环境中CO_2的作用。PEPCase催化PEP和HCO_3^-形成最初产物草酰乙酸,PEPCase的活性强弱与植物的光合性能呈正相关。

【实验原理】

在Mg^{2+}存在时,PEPCase可催化PEP与HCO_3^-形成草酰乙酸(OAA)。草酰乙酸在NADH存在时,在苹果酸脱氢酶(MDH)的作用下形成苹果酸(Mal)和NAD^+。NADH的消耗速率可用分光光度计于340 nm下进行测定,并以每分钟

每毫升酶液氧化 NADH 的 μmol 值计算酶活性。

$$PEP + HCO_3^- \xrightarrow[Mg^{2+}]{PEPCase} OAA + Pi$$

$$OAA + NADH + H^+ \xrightarrow{MDH} Mal + NAD^+$$

【材料与用品】

玉米、高粱等 C_4植物叶片。

组织捣碎机、冷冻离心机、紫外分光光度计。

提取缓冲液：0.1 mol/L Tris - HCl 缓冲液(pH 8.3)，含 7 mmol/L 巯基乙醇、1 mmol/L EDTA - Na_2、5%甘油。

反应缓冲液：0.1 mol/L Tris - HCl 缓冲液(pH9.2)，含 0.1 mol/L $MgCl_2$。

0.1 mol/L $NaHCO_3$、40 mmol/L PEP、1 mg/mL NADH、1 mg/mL苹果酸脱氢酶。

【实验步骤】

1. 酶的提取

取新鲜玉米或高粱叶片洗净去掉主脉，吸去表面水分，称取 25 g 剪碎放入组织捣碎机中，加入提取缓冲液 100 mL，20 000 r/min 匀浆 2 min(运行 30 s 间歇 10 s，反复匀浆)，用 4 层纱布滤去残渣，滤液于冷冻离心机中以 11 000*g* 离心 10 min，弃去残渣，上清液即酶提液。

2. 酶活性的测定

取试管 1 支，依次加入反应缓冲液 1 mL，40 mmol/L PEP、1 mg/mL NADH、苹果酸脱氢酶和酶提液各 0.1 mL，蒸馏水 1.5 mL，在所测温度下保温 10 min 后，在 340 nm 处测定光密度。然后再加入 0.1 mL 0.1 mol/L $NaHCO_3$启动反应，立即计时，每隔 30 s 测定一次光密度值，记录光密度的变化。

3. 结果计算

$$\text{PEPCase 活性} = \frac{\Delta A \times V \times 3}{6.22 \times 0.1 \times d \times \Delta t \times \text{FW}}$$

式中，ΔA 为反应最初 1 min 内 340 nm 处吸光度变化的绝对值(减去对照液最初 1 min 内的变化量)；V 为酶提取液总体积；3 为测定混合液总体积；6.22 为每微摩尔 NADH 在 340 nm 处的消光系数；0.1 为反应液中酶液用量；Δt 为测定时间 1 min；d 为比色杯光程(1 cm)；FW 为材料鲜重(25 g)。

【注意事项】

需要预实验确定测定时的酶提液用量或浓度，苹果酸脱氢酶是过量的，其最佳用量根据 PEPCase 的活性大小来确定。

【思考题】

1. 用偶联法测定某一酶的活性,对反应体系中所加试剂的量有何要求?为什么?
2. PEPCase 的活性受哪些因素的影响?是如何调节的?

实验 36 叶绿素荧光动力学技术的应用

叶绿素荧光动力学(chlorophyll fluorescence dynamics)技术被称为研究植物光合能力的快速、无损伤探针。叶绿素荧光动力学技术在测定植物光合作用过程中光系统对光能的吸收、传递、耗散、分配等方面具有独特的作用,叶绿素荧光分析具有观测手续简便,获得结果迅速,反应灵敏,可以定量,对植物无破坏、少干扰的特点,因此广泛用于植物逆境生理学、植物保护、农药研究以及环境检测和监测等领域。

【实验原理】

光合机构吸收的光能有三个可能的去向:一是用于推动光化学反应,引起反应中心的电荷分离及后来的电子传递和光合磷酸化,形成用于固定、还原二氧化碳的同化力(ATP 和 NADPH);二是转变成热散失;三是以荧光的形式发射出来。由于这三者之间存在此消彼长的相互竞争关系,所以可以通过荧光的变化探测光合作用的变化。

叶绿素分子的外层电子得到光能会由基态跃迁到激发态,若吸收的是红光会跃迁到第一单线态,若吸收的是蓝光则跃迁到更高的第二单线态,处于激发态的电子不稳定,通过去激发后返回到基态,其能量一部分以热能散失,一部分以荧光的形式发出,这就产生了荧光。

实际上,以荧光形式发射出来的光能在数量上是很少的,还不到吸收的总光能的3%。在很弱的光下,光合机构吸收的光能大约97%被用于光化学反应,2.5%被转变成热散失,0.5%被变成荧光;在很强的光下,当全部 PSⅡ反应中心关闭时,吸收的光能95%~97%被变成热,而2.5%~5.0%被变成荧光发射。在体内,由于吸收的光能多被用于光合作用,叶绿素 a 荧光的量子产额(即量子效率)仅仅为0.03~0.06。但是,在体外,由于吸收的光能不能被用于光合作用,这一产额增加到0.25~0.30。

德国科学家 Kautsky 发现,当一片经过充分暗适应的叶片从黑暗中转入光下后,叶片的荧光产额会随时间发生规律性的变化,即 Kautsky 效应,记录下来的典型荧光诱导动力学曲线上几个特征性的点分别被命名为 O、I、D、P、S、M 和 T。在照光的第一秒钟内,荧光水平从 O 上升到 P,这一段被称为快相;在接下来的几分钟内,荧光水平从 P 下降到 T,这一段被称为慢相(图 36-1)。快相与 PSⅡ 的原初过程有关，慢相则主要与类囊体膜上和间质中的一些反应过程包括碳代谢之间的相互作用有关。

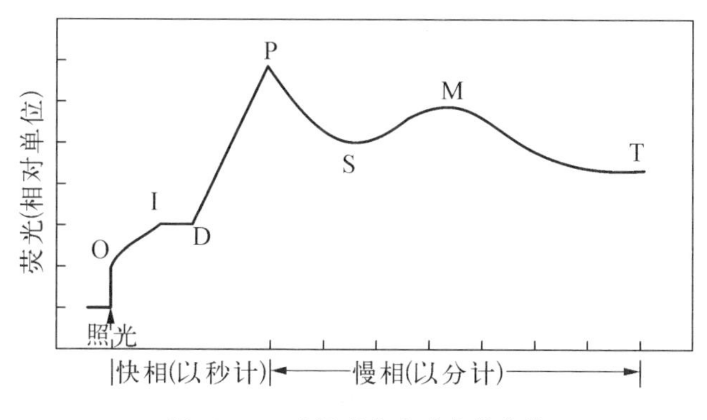

图 36-1　叶绿素荧光动力学曲线

荧光动力学曲线的测量仪器可分为调制式荧光仪和非调制式荧光仪两种类型，非调制式荧光仪(如 PEA、Handy PEA)只有一个连续的激发光源，信号检测采用光电直流放大系统，适合于测定叶绿素荧光动力学的快相。调制式荧光仪(如 PAM2000、PAM2100、FMS-1、FMS-2)至少包括一个很弱的调制式检测光源，一个中等光强的非调制式作用光源，一个饱和脉冲光源，其信号检测采用选频放大或锁相放大技术。用于测定荧光的光源被调制，也就是使用以很高频率不断开关的光源。在这样的系统中，检测器选择性放大，仅仅检测被调制光激发的荧光，就可以在田间即使阳光存在的情况下测定相对的荧光产额。调制式荧光仪多用于测定荧光慢相。

常用到的荧光参数如下。

F_o：有多种名称，如最小(minimal)、基底(ground)、暗(dark)、初始(initial)荧光强度等。它是已经暗适应的光合机构全部 PSⅡ中心都开放时的荧光强度。

F_s：稳态荧光，也写作 Ft 荧光诱导动力学曲线 O-I-D-P-T 中 T 水平的荧光强度。

F_m：黑暗中最大(maximum)荧光，它是已经暗适应的光合机构全部 PSⅡ中心都关闭时的荧光强度。

F_m'：光下最大荧光，在光适应状态下全部 PSⅡ中心都关闭时的荧光强度。

F_o'：光下最小荧光，在光适应状态下全部 PSⅡ中心都开放时的荧光强度，为了使照光后所有的 PSⅡ中心都迅速开放，一般在照光后和测定前应用一束远红光照射几秒钟。

F_v：黑暗中最大可变(variable)荧光强度，$F_v = F_m - F_o$。

F_v'：光下最大可变荧光强度，$F_v' = F_m' - F_o'$。

F_v/F_m：没有遭受环境胁迫并经过充分暗适应的植物叶片 PSⅡ最大的或潜在的量子效率指标，它是比较恒定的，一般在 0.80～0.85 之间。有时，F_v/F_m 也被称为开放的 PSⅡ反应中心的能量捕捉效率。

$(F'_m-F_s)/F'_m$：即 ΦPSⅡ，作用光存在时 PSⅡ的实际的量子效率，即 PSⅡ反应中心电荷分离的实际的量子效率。

ETR：电子传递速率，其公式为 ETR＝ΦPSⅡ×PFDa×0.5。PFDa 是被吸收的光通量密度[单位为 μmol/(m² · S)]，一般设定为入射光的 84%，0.5 代表光能在两个光系统间的分配系数，那么上式变成 J＝ΦPSⅡ×PFD×0.42。

F'_v/F'_m：开放的 PSⅡ反应中心的激发能捕获效率。

qP：光化学猝灭系数，其公式为 $qP=(F'_m-F_s)/(F'_m-F'_o)$。$(F'_m-F_s)$代表光化学猝灭的荧光。qP 是表示总 PSⅡ反应中心中开放的反应中心所占比例的指标，而1－qP 则是关闭的反应中心所占比例。

NPQ：非光化学猝灭，其公式为 $NPQ=(F_m-F'_m)/F'_m=F_m/F'_m-1$。NPQ 的变化反映热耗散的变化。

【材料与用品】

1. 待测植物材料。

2. 调制式荧光仪如 PAM2100、FMS－2 荧光仪，荧光仪的光源须包含下列几种。

(1) 检测光：绿光，光强 PPFD 小于 10 μmol/(m² · S)，用于测 F_o。

(2) 作用光：通常用白光，用于推动光合作用的光化学反应，光强可因实验目的不同而变化。

(3) 饱和脉冲光：通常用白光，光强 PPFD 大于 3 000 μmol/(m² · S)，确保 QA 全部还原，用于测 F_m 和 F'_m。

(4) 弱远红光(波长＞680 nm)：以便开启 PSI 推动 QA 氧化，测 F'_o 前使用。

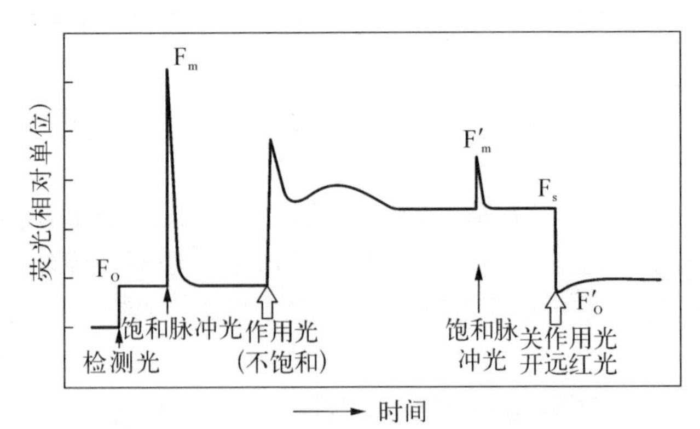

图 36－2　叶绿素荧光测定步骤示意图

【实验步骤】

1. 让实验植物的叶片经过一个充分的暗适应过程，一般 15～30 min，最好是经过一个黑暗的夜晚。

2. 给经过充分暗适应的叶片照射检测光，荧光水平稳定后得到荧光参数 F_o。接着，给一个饱和脉冲光，一个脉冲后关闭，得到荧光参数 F_m（图 36－2），于是得到荧光参数 F_v/F_m，即潜在的 PSⅡ的光化学效率。

3. 打开可以引起叶片光合作用的作用光，一般 PPFD 的值为几百（因植物生长条件或实验目的不同而异），几十分钟后叶片光合作用达到稳态，得到稳态荧光 F_s。这时再给饱和脉冲光一个脉冲后关闭，得到荧光参数 F'_m（图 36－2），于是可以计算作用光存在时 PSⅡ的实际的量子效率 ΦPSⅡ$(F'_m-F_s)/F'_m$ 和荧光的非光化学猝灭系数 NPQ 即$(F_m-F'_m)/F'_m$。

4. 关闭作用光，立即打开远红光，几秒钟后关闭，这时得到荧光参数 F'_o（图 36－2），于是可以计算荧光的光化学猝灭系数 qP，即$(F'_m-F_s)/(F'_m-F'_o)$。

【注意事项】

1. 多数荧光仪的光源和光信号通过光缆传输，使用过程中须保护光缆，不能折放。

2. 光缆上的探头与叶片距离不同会影响测量结果，故须将探头固定在叶片上。

3. 光强对测量结果有较大影响，故须保证叶片的受光强度和角度一致。

第十四章　植物呼吸作用实验技术

植物呼吸作用为植物的生命活动提供了大部分能量和许多重要的代谢中间产物，是植物代谢的中心，同时还帮助植物应对不同的生境，受到温度、氧气和二氧化碳等多种因素的影响。本组实验主要介绍了通过氧电极法测定植物的呼吸速率并通过该方法测定交替呼吸速率，同时介绍了呼吸作用中几个关键氧化酶活性的测定方法，这对于研究不同发育阶段和逆境对植物生长的影响具有重要意义。

实验37　植物呼吸速率与交替呼吸速率的测定——氧电极法

【实验原理】

氧电极(oxygen electrode)是极谱氧电极中的一种，目前通用的是薄膜氧电极，最早由L. C. Clark研制，故亦称Clark氧电极。它实际上是一种电化学电池，灵敏度高，操作简便而快速，可以连续测定液相中的溶解氧含量变化。氧电极由镶嵌在绝缘材料上的银极(阳极)和铂极(阴极)构成。电极表面覆以聚四氟乙烯薄膜，在电极与薄膜之间充以氯化钾溶液作为电解质，在两极间加0.6～0.8 V的极化电压，当外界氧透过薄膜进入氯化钾溶液，溶解氧便在铂极表面上还原，发生如下反应：

$$O_2 + 2H_2O + 4e^- \longrightarrow 4OH^-$$

在银极表面则发生如下氧化反应：

$$4Ag + 4Cl^- \longrightarrow 4AgCl + 4e^-$$

此时电极间产生扩散电流，此电流与透过膜的氧量成正比。电极间产生的电流信号通过电极控制器的电路转换成电压输出，用自动记录仪记录，再换算成氧量，根据氧量的变化速率可以计算出植物呼吸速率或光合放氧速率。

由于聚四氟乙烯薄膜只允许氧透过而不能透过各种有机及无机离子，因此可排除待测溶液中溶解氧以外的其他成分的干扰。

水杨基羟肟酸(salicylhydroxamic acid, SHAM)是交替氧化酶(也称为抗氰氧化酶，AOX）的抑制剂，使用 SHAM 可以检测交替呼吸受抑制时的细胞色素氧化酶途径的呼吸速率，而总呼吸速率与其的差值即为交替呼吸速率。

【材料与用品】

植物叶片或其他组织。

Chlorolab－2 液相氧电极（英国 Hansatech 公司）、微量注射器、刀片等。

亚硫酸钠、去离子水、100 mmol/L 的水杨基羟肟酸（SHAM）溶液、半饱和 KCl 溶液、0.1 mol/L 磷酸缓冲液（pH 6.8）。

【实验步骤】

1. 电极膜和氧电极的安装

根据 Chlorolab－2 液相氧电极的使用说明配制电极液、安装电极膜与氧电极（略）。通过电极控制盒将氧电极与计算机相连，同时打开氧电极的控制软件（Oxylab、Chlorolab 2 或 O_2 View 等）。

2. 电极的校正

在反应杯中加入 2 mL 的被空气饱和的去离子水，放入磁转子，点击 Stirrers 并且设置适当的转速启动转子。

按照 Chlorolab－2 液相氧电极使用说明建立空气线和零氧线，对氧电极进行校正。之后氧电极便会在屏幕上显示一条被空气饱和的蒸馏水中的氧含量信号线。

3. 材料准备

切取植物材料，如叶片可切下 1 cm×1 cm 大小，再用刀片切成 1 mm×1 mm 的小块。将材料放入反应杯中，在反应杯中加入 2 mL 0.1 mol/L 磷酸缓冲液。

4. 样品呼吸速率的测定

点击 Start，并点击 Stirrers，启动磁转子，搅动测定溶液，记录测定的信号。在信号稳定下降后点击 Stop 停止记录，测定完毕。

5. 样品放氧速率的计算

停止记录后，根据试验要求选取一段斜率比较稳定的记录结果计算下降的斜率，点击工具栏中的 Tools（工具），从显示的选项中点击 Get rate（计算速率）后，在横坐标（时间轴）下方显示出两个红色的▲符号，用鼠标的左键拖住右边的▲左右移动来确定参与计算曲线的时间间隔；拖住左边的▲左右移动可以随意地选取参与计算的曲线位置，位置确定后，单击左键，自动计算出来的数据及参与计算的时间区间便显示在屏幕上，单击屏幕上的 OK 键，计算结果便记录在屏幕上 Rate measurement（速度测定）窗口中。单击右键停止计算。

软件最初计算出来的速率表示为：nmol/(mL·min)，用户应根据实际加入的样品重量/面积及反应杯中的液体的体积再进行换算,计算出实际呼吸速率。如果要将最初计算出来的速率换算成标准速率,只需在 Rate Measurement 窗口的选项中单击 Option,然后在显示的选项栏中再点击 Normalize(标准化),便出现 Set factor(输入校正因子)框,根据用户的具体需要,输入校正因子后便可将原始速率自动转换成标准速率,并显示在速度测定窗口的 Normalize 一栏下。在本实验中,我们将 1 cm^2 叶片放入 2 mL 反应杯中,校正因子=1 nmol/(mL·min)×2 mL÷1 cm^2×10 000 cm^2/m^2÷60 s/min=333.3 $nmol/m^2/S$。

6. 交替呼吸速率的测定

同样取植物叶片 1 cm×1 cm,再用刀片切成 1 mm×1 mm 的小块,放于反应杯中。反应杯中加入 2 mL 水。开始测定,取耗氧速率稳定状态后 10~20 min 的氧气浓度的下降斜率计算叶片总呼吸速率(R_{total})。R_{total}测完后,清洗干净反应杯,重新在叶片中加入 1.4 mL 水和 0.6 mL 100 mmol/L 的 SHAM 溶液,稳定后测定交替呼吸被抑制时细胞色素氧化酶途径的呼吸速率(R_{cox}),则交替呼吸速率(R_{aox})为:

$$R_{aox}=R_{total}-R_{cox}。$$

【注意事项】

1. 氧电极在安装电极膜前必须反复擦拭其阴极和阳极,尤其是阴极因为银离子很容易氧化。

2. 氧电极对温度变化非常敏感。

3. 反应杯中不应有气泡,否则会影响数据采集并造成信号不稳。

4. 电极使用一段时间后(一周左右),在阳极上形成一层氧化膜,电极的灵敏度下降。

5. 由于磁转子很小,清洗反应杯时先拿出转子,勿将转子倒掉。

【思考题】

还有哪些试剂可用于测定交替呼吸速率?

实验 38　多酚氧化酶活性的测定

多酚氧化酶(polyphenol oxidase, PPO)是植物呼吸作用的一种重要氧化酶,作用是催化多酚类物质的氧化。正常情况下,PPO 与酚类底物被细胞区域化分隔而不发生反应,但当植物组织受到损伤或衰老、细胞结构解体时,PPO 与酚类底物接触,酚类物质被氧化生成醌类物质,醌类物质再聚合成褐色产物,导致组织褐变。

【实验原理】

利用 PPO 催化邻苯二酚(儿茶酚)氧化成醌类物质,所产生的邻醌在 525 nm

下有最大吸收峰，因此可用分光光度计法测定产物的形成。

【材料与用品】

马铃薯块茎。

分光光度计、冷冻离心机、研钵、容量瓶、量筒、移液管、试管、纱布。

0.05 mol/L 磷酸缓冲液(pH6.5)、0.1 mol/L 儿茶酚溶液(称取儿茶酚 1.101 1 g，加蒸馏水溶解并定容至 100 mL)、20%三氯乙酸。

【实验步骤】

1. 酶液的提取

取 5g 植物组织，切碎，加入适量的 0.05 mol/L 磷酸缓冲液，在冰浴中研磨，匀浆以 4 层纱布过滤，滤液以 3 000 r/min、4℃离心 15 min，上清液转入 25 mL 容量瓶中，定容至 25 mL，放入冰箱中备用。

2. 酶活性测定

在试管中加入 3.9 mL 0.05 mol/L 的磷酸缓冲液、1 mL 0.1 mol/L 儿茶酚溶液、0.1 mL 酶液(对照用 0.1 mL 蒸馏水代替)，总体积为 5 mL。37℃下水浴保温 10 min，立即加入 2 mL 20%的三氯乙酸中止反应。反应液以 3 000 r/min 离心 10 min，收集上清液，于 525 nm 下测定吸光度，以不加酶液的为对照。

3. 结果计算

以每分钟 A_{525} 变化 0.01 表示一个酶活性单位。按下式计算植物多酚氧化酶的活性：

$$\text{酶活力}=\frac{\Delta A_{525}\times D}{0.01\times \mathrm{FW}\times t}$$

式中，ΔA_{525} 为反应时间内吸光度的变化；D 为酶液稀释倍数(提取的总酶液体积与反应体系内酶液的体积比)；FW 为植物材料鲜重(g)；t 为保温时间(min)。

【注意事项】

1. 儿茶酚溶液需现用现配，因为儿茶酚会自动氧化。
2. 酶的提取必须在低温下进行。
3. 若反应后上清液太浓，可适当稀释。

【思考题】

1. 植物体内的多酚氧化酶对植物具有什么意义，它在农业生产上有何应用？
2. 尝试先用维生素 C、维生素 E 等抗氧化剂对材料进行处理，比较受伤植物材料的褐变现象。

实验 39　抗坏血酸氧化酶活性的测定

【实验原理】

抗坏血酸氧化酶在有氧情况下，能氧化抗坏血酸(ascorbic acid, AsA)生成脱氢抗坏血酸，同时促进氢与空气中的氧结合成水。该酶主要存在于瓜类、种子、谷物、水果和蔬菜中，通过催化抗坏血酸的氧化参与植物体内的物质代谢。抗坏血酸氧化酶的测定是用滴定法，混合底物 AsA 及酶提取液，让酶作用一段时间，然后测定底物被消耗的数量来计算酶的活性。抗坏血酸被消耗的量，可用碘液滴定剩余的抗坏血酸来测定。

【材料与用品】

水稻黄化幼苗、马铃薯块茎。

50 mL 量筒、50 mL 锥形瓶、微量滴定管、滴定架、移液管、移液管架、恒温水浴锅、洗耳球、研钵、脱脂棉花等。

0.833 mmol/L 碘液：称取 0.356 7 g 碘酸钾溶于蒸馏水，溶解后定容至 100 mL，此为 16.7 mmol/L 碘酸钾溶液。称取碘化钾 2.5 g 溶于 200 mL 蒸馏水中，加冰醋酸 1 mL、16.7 mmol/L 碘酸钾溶液 12.5 mL，再加蒸馏水至 250 mL。

磷酸盐缓冲液(pH 6.0)、0.1%抗坏血酸(实验当天配制)、10%三氯乙酸、1%淀粉溶液。

【实验步骤】

1. 酶液提取

称取新鲜样品(水稻黄化幼苗 2～3 g 或者马铃薯块茎 5 g)剪碎置于研钵中，加少量石英砂及 pH 6.0 的磷酸缓冲液，迅速研磨成匀浆(事先将缓冲液用冰水冷却，不使研磨时温度增高)。把全部材料用缓冲液洗入 50 mL 容量瓶中，定容至刻度。放在 18～20℃水浴上浸提 30 min(其间摇动数次)。然后用脱脂棉花过滤于干净的锥形瓶中备用。

2. 酶活性的测定

取 3 个 50 mL 锥形瓶，编号 1～3，先在各瓶中加入磷酸缓冲液(pH 6.0)4 mL、0.1%抗坏血酸 2 mL，并向 3 号瓶中加入 10%三氯乙酸 1 mL，间隔 1 min 在各瓶中依次加入酶液 3 mL(视酶活性增减酶用量)，准确记录加入酶液的时间，摇匀后将各瓶在 18～20℃水浴中酶促反应 5 min，反应时间到后立即加入 10%三氯乙酸溶液 1 mL，以终止酶的活动，然后各瓶加入 1%淀粉液 3 滴作指示剂，用微量滴定管以 0.833 mmol/L 碘液进行滴定，出现浅蓝色为滴定终点。记录滴定值。

【结果与分析】

按下式计算酶活性，单位为 mg/(g·min)：

$$抗坏血酸氧化酶活性=\frac{C-(A+B)/2\times 0.44\times 酶提取液总量}{样品重\times 测定时间\times 测定时酶液用量}$$

式中，0.44 为 1 mL 0.833 mmol/L 碘液氧化抗坏血酸毫克数；A、B 分别为酶活性测定 1 号、2 号瓶碘液滴定用量(mL)；C 为空白测定 3 号瓶碘液滴定用量(mL)。

【注意事项】

1. 用棉花过滤时，应提前将棉花拉伸成薄片铺在漏斗内，挤成团易堵塞，根据用量过滤一定量即可，瓶内沉渣无须倒入漏斗。

2. 间隔 1 min 在各瓶中依次加入酶液是为了有充裕的时间准确操作，保证各瓶酶促时间一致。

第十五章　植物激素的生物鉴定及对生长发育的影响

植物激素是植物体内产生的、对植物生长发育具有显著调节作用的微量有机物。生长素（IAA）、赤霉素（GA_3）、细胞分裂素（CTK）、乙烯（ETH）、脱落酸（ABA）是公认的五大类植物激素，它们对植物具有独特的生理效应。在植物激素的早期研究中，多以其生物效应作为定量测定及鉴定的方法。随着免疫学方法、分光光谱法及色谱法等技术的发展，生物鉴定法已很少用于植物激素的测定，但这些实验技术对于了解植物激素的特性仍有重要意义。本章实验旨在学习 IAA、GA_3、CTK、ABA 的生物鉴定方法及验证其对植物生产发育的影响。

实验 40　IAA 和 ABA 的生物鉴定——小麦胚芽鞘法

40-1　IAA 的生物鉴定

【实验原理】

本实验采用小麦胚芽鞘切段伸长法，其原理是：IAA 有促进胚芽鞘和茎内细胞伸长的作用，在切去小麦胚芽鞘的顶端后，将断绝 IAA 来源的胚芽鞘伸长部分切成长度一定的鞘段，放在含有不同浓度的 IAA 溶液中，由于其伸长度与 IAA 浓度（0.001～1 mg/L）的对数呈线性关系，因而可绘制出一条标准曲线，根据在被测样品提取液中培养的芽鞘切段伸长长度，即可在标准曲线上查出提取液中 IAA 的含量。

【材料与用品】

小麦种子（用于绘曲线）、其他植物的 IAA 提取纯化溶液。

恒温箱、暗室、绿光灯、具盖搪瓷盘、镊子、移液管、移液器、培养皿、一面贴有毫米方格纸的玻璃板（最好用载玻片）、圆形滤纸、玻璃丝（直径 0.5 mm）、定距切割器（两个刀片间距 5 mm）、旋转器（或摇床）、半对数坐标纸、解剖镜。

IAA 母液：精确称取 IAA 17.5 mg 装于烧杯中，先用少量无水乙醇溶解后，再用蒸馏水定容至 100 mL，其浓度为 10^{-3} mol/L 作为母液，冰箱可保存 1 个月左右。

缓冲液（pH 5.0）：称取 KH_2PO_4 1.79 g，柠檬酸（$C_6H_8O_7 \cdot H_2O$）1.019 g，蔗糖 20 g，溶于重蒸水中并定容至 1 000 mL。

种子消毒液：饱和漂白粉溶液或 0.1%升汞溶液。

【实验步骤】

1. 材料准备

挑选品种纯、大小均一的饱满小麦种子 100 粒（最好用贮藏 1～2 年的种子，因为当年新收种子发芽不齐），用饱和漂白粉溶液浸泡 15～30 min（或用 0.1%升汞溶液消毒 10 min）后，用自来水冲洗干净，将种子播入内垫湿润滤纸的具盖搪瓷盘中，腹沟朝下，种胚均朝一个方向，将盘放成 40°～45°角，使胚倾斜向下，以便使胚芽鞘长得直；加盖，置于 25℃暗室或恒温箱中催芽生长，相对湿度 85%。暗室应配置一盏绿色照明灯。

2. 鞘段切割

小麦出芽后 3 d 的胚芽鞘长度达 25～35 mm，精选长度一致（28～30 mm）的幼苗 60 株作为测定材料（其芽鞘对 IAA 最敏感）。在绿灯下，在贴 mm 方格纸的玻璃板上，用定距切割器切取芽鞘尖端 0～3 mm 一段（丢掉），接着切取 5 mm（3～8 mm 一段）供实验使用（此段对 IAA 最为敏感），立即浸入大量蒸馏水，以除去切段中的内源 IAA。

3. 鞘段培养

首先配制 0 mol/L（空白，水）、10^{-4} mol/L、10^{-6} mol/L、10^{-7} mol/L 的 IAA 系列标准溶液，其方法是：取干洁培养皿 6 套（0～5 号），分别加入缓冲液（pH 5.0）9 mL，0 号加蒸馏水1 mL，向 1 号加 10^{-3} mol/L 母液 1 mL，混匀即成 10^{-4} mol/L IAA 溶液；从中吸取1 mL 加到 2 号，则成 10^{-5} mol/L IAA 溶液；再从 2 号吸取 1 mL加入 3 号，从 3 号吸取 1 mL 加到 4 号，这样 3 号与 4 号的浓度分别为 10^{-6} mol/L和 10^{-7} mol/L；向 5 号加入被测的未知浓度样品提取溶液 1 mL。将用水浸泡过的鞘段用滤纸吸干其外附水分，将鞘段套在玻璃丝上，每根穿 5 段，段间距 10 mm，每个培养皿放 10 段（2 根），用黑纸将培养皿包住置于 25℃的温箱或暗室中旋转或振荡培养 24 h。上述操作均在绿光下进行。

4. 鞘段测量

用带 mm 方格纸的玻璃板或用配有目镜测微尺的双筒解剖镜测量鞘段长度，精确到 0.1 mm，并求出每段处理平均长度。

5. 标准曲线绘制

在半对数坐标纸上，以芽鞘切段增长（%）为纵坐标，以 IAA 浓度的对数（$\lg C$）为横坐标，绘出标准曲线。其中，

$$增长(\%)=\frac{处理总长-对照总长}{原来总长}\times 100\%$$

6. 结果计算

将待测溶液(未知样品提取液)处理后测得的芽鞘切断增长值,在标准曲线上查得其相应的 IAA 浓度,按照以下公式计算未知样品 IAA 的含量:

$$C=(A\times B)/W\times(V_1/V_2)$$

式中,C 为样品 IAA 含量(μg/g);B 为 1 mol IAA 为 0.175 19 μg;A 为标准曲线查得 IAA 浓度(mol/L);W 为样品重量(g);V_1 为样品提取液体积(mL);V_2 为样品测定液体积(mL)。

40-2 ABA 的生物鉴定

【实验原理】

由于 ABA 对胚芽鞘的伸长具有抑制作用,因此对 ABA 含量的生物测定也可采用类似 IAA 的生物鉴定法(小麦芽鞘切段法)。

【材料与用品】

同实验 40-1。

【实验步骤】

本实验步骤与实验 40-1 基本相同,略有不同之处。

1. 100 mg/L ABA 活性母液的配制

由于人工合成的 ABA 是顺式与反式各半的混合物,但仅顺式才有生理活性;而植物体内存在的天然 ABA 全部是顺式的。因此,要配制 100 mg/L 的具生理活性的标准溶液时,须准确称取 ABA 20 mg,先用少量乙醇溶解,再用蒸馏水定容至 100 mL。

2. 测定结果

以 ABA 浓度的对数(lg$C$)为横坐标,以芽鞘伸长抑制(%)为纵坐标,绘制标准曲线。其中,伸长抑制=(对照切段总长-处理切段总长)/原切段总长×100%。

【思考题】

生物鉴定法能否测定植物粗提液中的植物激素含量?为什么?

实验 41 GA_3、CTK、ABA 对莴苣种子萌发的影响

【实验原理】

GA_3、CTK 促进种子萌发,而 ABA 抑制萌发。

利用莴苣种子的萌发实验比较简单，也无需特殊的设备，而且这一方法具有一定的特异性，适于检测GA_3、CTK和 ABA 的作用。

【材料与用品】

莴苣(国外多用 Grand rapids 和 NewYork 品种)。

滤纸、培养皿。

GA_3 溶液、CTK 溶液、ABA 溶液(浓度为 10^{-7}～10^{-5} mol/L)。

【实验步骤】

1. 将圆形滤纸铺在同样大小的 5 套培养皿(A、B、C、D、E)底部，其中 A 加入 GA_3 溶液，B 加入 CTK 溶液，C 加入 ABA 溶液各 1 mL，D、E 加入少量水。当试剂中含有有机溶剂时，可以让滤纸充分干燥，除去有机溶剂之后，再分别向 5 套培养皿加入一定量的水(1 mL/12 cm^2)，在滤纸上按一定的间隔均匀排列 10～20 粒种子，盖上培养皿盖之后，将A、B、D放在 25℃黑暗条件下培养 2～4 d，统计发芽率。

2. 将C、E放在 25℃光照条件下培养 2～4 d，统计发芽率。

【注意事项】

1. 培养温度 25℃时最合适，过高或过低会抑制萌发。

2. 激素溶液中含盐(50 mmol/L 以上)，呈酸性(pH 5 以下)或碱性(pH 7 以上)时，种子萌发均会受抑制。

3. 萌发培养期间，每天向培养皿中加入适量水，保持湿润，以根部有明显凸起、露白作为萌发标记。

【思考题】

1. GA_3、CTK处理后为什么放黑暗中培养?

2. ABA 处理为什么放光下培养?

3. 比较分析 GA_3、CTK、ABA 对莴苣种子发芽的影响。

实验 42 GA_3 诱导大麦种子 α-淀粉酶的合成

【实验原理】

大麦(或小麦)种子萌发时，种胚产生 GA_3 扩散到胚乳的糊粉层细胞(称为GA_3反应的靶细胞)，刺激糊粉层细胞合成 α-淀粉酶，然后进入胚乳，使贮藏的淀粉水解为还原糖。无胚种子不能释放 GA_3，也不能形成 α-淀粉酶。外加的 GA_3 也可代替胚的释放作用，从而诱导 α-淀粉酶的合成。在一定范围内，由去胚的吸胀大麦种子产生的还原糖量，与外加 GA_3 浓度的对数成正比，由此可说明 GA_3 对 α-淀粉酶的诱导作用。

【材料与用品】

大麦(或小麦)种子。

分光光度计、超净工作台(或灭菌箱)、温箱、摇床、恒温水浴、高压灭菌锅、棉塞、牛皮纸、刀片、镊子、烧杯、培养皿、试管、移液管、玻璃棒。

10^{-3} mol/L 乙酸缓冲液(pH 4.8)(每毫升含链霉素硫酸盐 1 mg 或氯霉素 40 μg)、10 mg/L GA_3(称取 10 mg GA_3,加少量 95%乙醇溶解,用蒸馏水定容至 1 000 mL)、淀粉溶液(称取可溶性淀粉 0.67 g、KH_2PO_4 0.82 g 溶于 20 mL 蒸馏水中不断搅拌下加到 70 mL 沸水中,最后加水定容至 100 mL)、KI - I_2 溶液(称取 I_2 0.06 g、KI 0.6 g,溶于 0.05 mol/L HCl 溶液 1 000 mL 中)、5%漂白粉溶液、5% H_2SO_4 溶液、灭菌水、石英砂。

【实验步骤】

1. 材料准备

选择对 GA_3 敏感、萌发率高、大小一致的大麦种子,用 50% H_2SO_4 溶液浸泡 2 h,取出后,用自来水冲洗约 20 次,然后用力揉搓除去颖壳;用刀片将种子横切成近于等长的两半,使成无胚的半粒和有胚的半粒,各 150 粒分装于两个小烧杯内,用 5%漂白粉溶液消毒 15 min,在无菌条件下倒掉漂白粉溶液,用无菌水洗 5 次。然后将无胚与有胚的半粒种子放于内装一层石英砂的无菌培养皿内,倒入刚好浸没种子的无菌水,将培养皿置于 25℃温箱中吸胀 24～48 h。

2. GA_3 系列浓度标准溶液的配制

取干洁试管 5 支(编号),各加蒸馏水 9 mL,向 1 号管加 GA_3 母液 1 mL,混匀后吸出 1 mL 加到 2 号管内;2 号管混匀后吸出 1 mL 加到 3 号管;依次稀释,配成 1 mg/L、10^{-1} mg/L、10^{-2} mg/L、10^{-3} mg/L、10^{-4} mg/L、10^{-5} mg/L 的 GA_3 系列浓度标准溶液。再取干洁试管 8 支(0～7 号),按表加入各种试液与材料(烧杯中吸涨的半粒大麦种子),于 25℃下振荡保温 24 h,过滤(或离心),滤液(或上清液)备用。

3. α-淀粉酶活性测定

取干洁试管 8 支(0～7 号),分别加入蒸馏水 0.8 mL 和淀粉溶液 1 mL,再按号加入半粒种子保温滤液(或上清液)0.2 mL 混匀,于 25℃恒温水浴中准确计时保温 10 min,立即取出试管放入冷水中,加入 KI - I_2 试剂 1 mL 终止反应,再加蒸馏水 2 mL,混匀后于 620 nm 下测定吸光度值(表 42 - 1),以吸光度表示淀粉酶的相对活性(以蒸馏水为空白校正仪器)。以 GA_3 浓度的负对数为横坐标,吸光度值为纵坐标作图,分析 GA_3 浓度与 α-淀粉酶活性之间的关系。

表 42-1　GA_3 对 α-淀粉酶活性的影响

管号	GA_3 溶液		H_2O/mL	乙酸缓冲液 /(10^{-3} mol/L)	半粒种 (5 粒)	吸光度值 (620 nm)
	浓度/(mg/L)	体积/mL				
0	0	0	1	1	有胚	
1	0	0	1	1	无胚	
2	0.000 01	1	0	1	无胚	
3	0.000 1	1	0	1	无胚	
4	0.001	1	0	1	无胚	
5	0.01	1	0	1	无胚	
6	0.1	1	0	1	无胚	
7	1.0	1	0	1	无胚	

注：溶液灭菌后在无菌条件下放入半粒种子。

【注意事项】

25℃恒温水浴的保温时间是由预备试验确定的，即以 1 mg/L GA_3 的反应液与碘试剂反应，以吸光度值达到 0.4～0.5 的反应时间为宜。

【思考题】

GA_3 是怎样诱导 α-淀粉酶的合成的？

实验 43　赤霉素对植物花粉体外萌发的影响

【实验原理】

成熟的花粉落到柱头上就会萌发，长出花粉管。人为地给以适当条件（温度、pH、介质、渗透压）也能使花粉萌发。花粉萌发和花粉管的生长需要一定的营养物质如蔗糖、硼元素和 Ca^{2+} 等，其中蔗糖可以提供能量并调节渗透压，硼能促进花粉萌发和花粉管生长，钙促进花粉管的定向生长。除此之外，赤霉素对于花粉的萌发和花粉管的生长起显著的促进作用。

【材料与用品】

拟南芥花粉、烟草花粉。

恒温箱、显微镜、镊子、刀片、载玻片、盖玻片、移液管、滴管、培养皿、25 mL 烧杯。

蔗糖、硼酸、氯化钙、氯化钾、10％蔗糖溶液、硫酸镁、赤霉素（GA_3）。

【实验步骤】

1. 花粉萌发液的配制

（1）配制溶液：5 mmol/L $CaCl_2$、5 mmol/L KCl、1 mmol/L $MgSO_4$、0.01％

HBO_3、10%蔗糖,然后用蒸馏水将溶液的 pH 调至 7.5～8,具体比例见表 43-1。再加入 1.5%琼脂,沸水加热,使其充分溶解。最后将该溶液滴在载玻片上(尽量薄,便于显微镜观察),冷却后制成固体培养基。

表 43-1　不同培养基配比表

培养基编号	母液/mL						
	1.5%琼脂	10%蔗糖	5 mmol/L $CaCl_2$	0.01% H_3BO_3	5 mmol/L KCl	1 mmol/L $MgSO_4$	蒸馏水
1	5	0	0	0	0	0	25
2	5	5	0	0	0	0	20
3	5	5	5	0	0	0	15
4	5	5	5	5	0	0	10
5	5	5	5	5	5	5	0

(2) 含不同浓度 GA_3 培养基的配制:首先配制浓度为 250 mg/L 的 GA_3 母液,然后取 2 只 25 mL 烧杯,分别加入 9 mL 培养基(5 号),融化培养基,待温度降到 60 ℃左右(刚刚不烫手时),分别加入 1 mL 蒸馏水和 GA_3 母液,即配成 GA_3 浓度为 0 mg/L 和 25 mg/L 的花粉萌发培养基。

2. 取材

花粉的发育状态对花粉体外萌发影响很大。取材时需选择健康的植物正在开放的花朵。对拟南芥而言,应选择花瓣刚刚露出花萼的花。

3. 花粉的体外培养

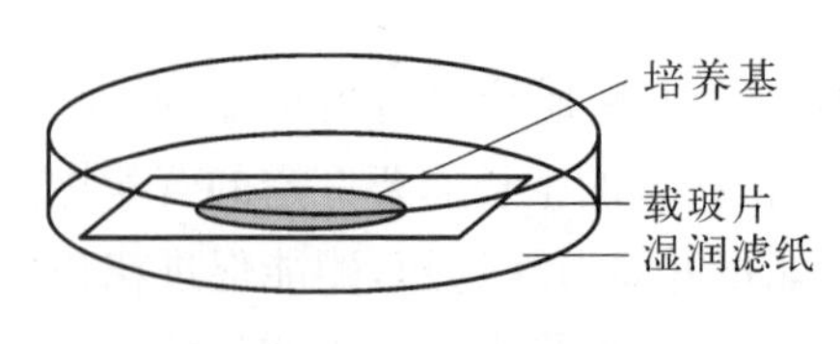

图 43-1　花粉体外培养

用镊子分别将拟南芥和烟草的花夹开,取出花药,再用镊子夹住雄蕊的花丝把花粉均匀涂在上述固体培养基上,最后将载玻片置于垫有湿润滤纸的培养皿中(图 43-1),盖上培养皿盖,保证较高的湿度,在 22～25℃的培养室或培养箱中遮光培养 30 min。之后将载玻片从培养皿中取出,盖上盖玻片,于显微镜下观察花粉管生长情况。(为提高花粉萌发率,本步可进行优化:将雌蕊花柱切成 1 mm 左右薄片置于培养基表面,周围花粉萌发率将大大提高,并且花粉管朝向花柱切块生长。)

【结果分析】

观察比较花粉萌发情况,分析不同培养基和 GA_3 对拟南芥和烟草花粉萌发的影响。以花粉管的长度超过花粉粒直径作为萌发的标准,进行统计(表 43-2、表 43-3):

萌发率=萌发的花粉数/观察花粉数×100%。

表 43-2 不同培养基影响花粉萌发测量统计表

培养基	测量项目		
	观察花粉总数	萌发花粉数	花粉萌发率/(%)
1			
2			
3			
4			
5			

表 43-3 GA_3影响花粉萌发测量统计表

测量项目	GA_3浓度/(mg/L)	
	25	0(CK)
观察花粉总数		
萌发花粉数		
花粉萌发率/%		

【注意事项】

1. 花粉在培养时需要保持较高的湿度(>90%)。

2. 培养基涂片时,最好提前预热载玻片,这样可有利于培养基在玻片表面形成薄层,便于后期观察。有条件的实验室,本步操作可在展片台上进行。

【思考题】

1. GA_3对花粉萌发有何影响?

2. 比较不同培养基花粉萌发的情况,讨论不同营养物质对花粉管生长的影响。

第十六章　植物生长物质在生产实践中的应用

作物的生长、发育，内受遗传因素的控制，外受环境条件和栽培技术的影响，而遗传与环境都是通过调控植物的营养和激素状况而起作用的。随着科学技术的发展，各种人工合成的植物生长调节剂已越来越多地应用于农业生产，对作物生长发育起到了有效的调节与控制作用，可在一定程度上提高作物产量，改进品质。本组实验练习各种植物生长物质在生产实践中的应用。

实验 44　打破休眠与抑制萌发

44-1　打 破 休 眠

【实验原理】

见实验 11。

【材料与用品】

萝卜或薹类蔬菜种子；马铃薯块茎；两年生桃树。

滤纸、培养箱、不同浓度的 GA_3 溶液。

【实验步骤】

1. 打破十字花科蔬菜种子的休眠

选用刚采收的萝卜或芸薹类蔬菜种子，分 3 组，每组 100 粒，用水、50 mg/L GA_3、100 mg/L GA_3 浸种 24 h，然后置于湿润滤纸上，并保持潮湿，每隔 24 h 统计一次发芽率。

2. 打破马铃薯块茎的休眠

选用收获后 30～60 d 的马铃薯块茎(尚未度过休眠期)，按芽眼切块，分 3 组，分别用水、0.5 mg/L 和 1 mg/L GA_3 溶液浸薯块 10～15 min，捞出后阴干，埋于湿砂中，25℃下催芽。7 d 后统计发芽率。

3. 打破果树芽休眠

在 11 月(温度低于 7℃)将两年生的桃树(已落叶)移入木箱，放进 18℃的贮藏

室中。95 d 后，将桃树移入温室，用 500～4 000 mg/L 的 GA_3 溶液进行喷洒处理。15 d 后，观察桃芽的生长情况。

44－2　抑制萌发Ⅰ：延迟洋葱鳞茎发芽

【实验原理】

刚收获的洋葱已进入长达两个月之久的休眠期，其后休眠结束而发芽丧失商品价值，所以，食用洋葱在此以后进入 0～2℃的冷藏库冷藏，强制休眠，延长贮藏时间。建冷藏库贮藏洋葱，耗费资金；一旦错过进入冷藏库的时间，便不能完全抑制发芽；冷藏后一旦出库，很快发芽，因此缺点很多。用生长调节剂处理，不仅没有上述缺点，且高效、省本、省工。目前主要应用青鲜素抑制洋葱的发芽。叶片吸收的青鲜素转运到鳞茎的生长点，抑制细胞分裂和萌发。

【材料与用品】

洋葱。

喷雾器。

0.2%～0.25%青鲜素、0.05%黏着剂。

【实验步骤】

1. 当洋葱的叶开始倾斜 20%～30%，叶仍呈绿色，离收获尚有 14～21 d 时，用 0.2%～0.25%的青鲜素喷洒，以喷水为对照试验。

2. 洋葱收获后，贮藏在常温下，统计从收获后到鳞茎开始发芽的时间，并与对照组进行比较。

44－3　抑制萌发Ⅱ：延长马铃薯块茎休眠

【实验原理】

马铃薯块茎在贮藏过程中常容易出芽，重量损失，外皮皱缩，易腐烂，同时还会产生一种叫龙葵素的有毒物质，对人畜都有毒害，不能食用。青鲜素、萘乙酸甲酯等均有抑制马铃薯块茎发芽的作用。

【材料与用品】

马铃薯。

喷雾器。

0.2%～0.3%青鲜素溶液、萘乙酸甲酯。

【实验步骤】

1. 青鲜素处理

在马铃薯采收前 14～21 d，用 0.2%～0.3%青鲜素喷洒叶片。

2. 萘乙酸甲酯处理

马铃薯薯块收获后，与喷有萘乙酸甲酯的干土或纸屑混合，密封堆放。5 kg 马铃薯用萘乙酸甲酯 0.1～0.15 g。

3. 统计

与未经处理的马铃薯块茎比较，记录各处理后的马铃薯的贮藏期。

【思考题】

还有哪些抑制、延迟器官萌发的方法?

实验 45 促进生长与控制徒长

45-1 促 进 生 长

【实验原理】

菠菜的生长期较短，在夏季，播种后 35～45 d 便可收获；秋季播种，收获则晚些。但出售菠菜时，株高最好控制在 20～25 cm 左右。在菠菜栽培中，生长期短，早出售，经营上有利。GA_3 能促进作物的茎和叶生长，菠菜用 GA_3 处理可缩短生长期。

【材料与用品】

菠菜种子。

喷雾器。

0.4%尿素溶液、95%乙醇、40 mg/L GA_3 溶液(称取 GA_3 40 mg，用少量的95%乙醇溶解，加水稀释至 1 000 mL)。

【实验步骤】

培育菠菜幼苗，待长出 5～6 片真叶时，选留生长正常、长势一致的幼苗，株距 15～20 cm，分成 3 个区。每区留 5 株。第 1、2 区分别用 20 mg/L 和40 mg/L的 GA_3 进行喷洒，以叶片完全湿润为度，第 3 区用蒸馏水喷洒作对照，待叶面干燥后，用 0.4%的尿素溶液喷洒一遍(防止由于 GA_3 处理后快速生长引起叶面发黄)。观察处理后叶数、叶长、叶宽及株高，14 d 后进行称重比较(表 45-1)。

表 45-1 GA_3 对菠菜生长影响记录表

处理	处理时		7 d 后					14 d 后				
	叶数	叶长	叶数	叶长	叶宽	叶柄长	株高	叶数	叶长	叶宽	叶柄长	鲜重
对照												
20 mg/L GA_3												
40 mg/L GA_3												

【思考题】

试比较不同浓度的 GA_3 处理对菠菜生长的促进作用。

45-2 控制徒长

【实验原理】

矮壮素(chlormequat chloride)是目前在我国广泛使用的一种季铵盐类植物生长调节剂,化学名为2-氯乙基三甲基氯化铵[(2-chloroethyl)trimethyl ammonium chloride, CCC],主要作用是抑制赤霉素的生物合成,控制植株徒长,促进生殖生长,使节间缩短,植株长得矮、壮、粗,根系发达,抗倒伏,提高某些作物的坐果率,广泛用于棉花、小麦、玉米、水稻、烟草、番茄、西红柿等作物。比久(丁酰肼、B9)、多效唑(PP333)也是赤霉素合成的抑制剂,同样具有控制徒长的作用。三碘苯甲酸(TIBA)可以阻碍植物体内生长素自上而下的极性运输,从而影响植物的伸长生长,抑制植物的顶端优势,使植物矮化。它们都可以用作植物矮化剂,控制徒长。

【材料与用品】

大豆、苹果树等植物。

20~40 mg/L 矮壮素、100~200 mg/L 三碘苯甲酸、1 000~2 000 mg/L 比久、200 mg/L 多效唑。

【实验步骤】

1. 选旺长棉株10株,半数于初花期及盛花期各喷20~40 mg/L 矮壮素(CCC)一次,另一半喷清水。比较生长情况并与正常株作比较(注意叶色、节间长度和结铃情形)。

2. 用1 000~2 000 mg/L 比久(B_9)水溶液喷洒花后10~20 d 的苹果树,观察以后枝条顶端长度生长是否较清水对照株减少(N 肥常可抵消 B_9 减缓生长的作用。)[注意第二年开花结果数及产量是否较清水株为多。如有旺长而未曾开花结果幼树(即一年生树),也可进行喷药实验,观察当年是否有花芽形成、第二年是否开始结果。]

3. 当水肥足、密度大的大豆田间1/10的植株开第一朵花时用2,3,5-三碘苯甲酸(TIBA)(每亩用14~19 g)溶液喷洒叶子。观察以后是否增产?(注意比对照枝叶繁茂程度是否要轻而合理些?光照改善否?荚增多而成熟提前否?)

4. 在小麦返青早期,选生长正常麦田,分为2小区,一区喷200 mg/L 多效唑(PP_{333})溶液,另一区喷水,观察生长情况,并于处理前、拔节期及抽穗后定点调查分蘖数变化及成穗情形。

5. 在小麦起身及孕穗期,选生长较旺麦田,分为3小区,一区在起身期喷

0.2%～0.3%矮壮素(CCC)溶液,一区则于孕穗期喷CCC,另一区喷水做对照。比较生长、植株高度、各节间长短以及倒伏情形和最后产量(注意穗数数量、整齐度和成熟期有何差异)。

【思考题】

还有哪些在大棚蔬菜生产中促进或控制植物生长的方法。

实验46 促进插条生根

【实验原理】

扦插是用植物的一部分茎、根或叶,插植在排水良好的土壤或沙土中,长出不定根和不定芽,进而长成一新植株。扦插是植物繁殖的一条重要途径,它具有简便、快速及保持优良品种或个体特性的优点,因此在农业、林业、园林绿化和花卉生产等领域广泛应用。生长素具有促进插条生根的作用,使易生根的植物发根快、发根多,使难生根的植物易生根,以满足生产需要。

【材料与用品】

鸭跖草嫩枝、毛白杨或柳条枝、月季枝条、葡萄枝条。

分析天平、花盆、解剖刀、量筒。

95%乙醇、吲哚丁酸(IBA,或萘乙酸NAA)(10 mg/L、20 mg/L、50 mg/L、500 mg/L、1 000 mg/L)。

【实验步骤】

1. 取鸭跖草嫩枝18条,分为甲、乙两组,甲组去掉叶子,乙组不去叶,每组均分3份,分别浸在3种不同浓度的IBA(或NAA)溶液(0 mg/L、10 mg/L、20 mg/L)中,24 h取出,用清水洗净,插于盛水的烧杯中,烧杯外包上黑纸遮光。经常更换杯中清水,观察枝条发根情况(发根的时间、出根的条数、长短、粗细)并进行记录(注意留叶的和不留叶的,以及IBA浓度对发根有何影响)。

2. 取毛白杨或柳枝条10株,枝条长15～20 cm,基部用锋利小刀削成光滑斜面,分成两组。一组浸在50 mg/L IBA或NAA溶液中,另一组浸在清水中,12～24 h后取出,分别插在花盆的沙土中,经常保持湿润、温暖和通气,观察以后发根情况并记录。

3. 取花刚开过、叶腋芽未萌发的健壮月季枝条,将枝条切成8～15 cm长,保留2～4个芽,下端切口距芽要有1 cm左右的距离,并切成光滑斜面,剪去部分叶片(保留上部叶、去掉下部叶)。共备插条12支,分成3组,将插条基部分别在不同浓度IBA(或NAA)溶液(0 mg/L、500 mg/L、1 000 mg/L)中浸蘸5～10 s。然后分别斜插于沙土中，经常保持湿润、温暖（25℃）和通气。观察插条发根情况并记录。

4. 在塑料薄膜覆盖条件下，使用植物生长调节剂和电加温促进根系生长，可使葡萄当年育苗，当年定植。比非覆盖条件下（露天）苗生长期长3个多月，第2年就可部分结果，第3年可丰产。单位面积育苗数比露天的高25～30倍，很有实用价值。准备工作如下。

（1）育苗床的准备：使用温室或塑料大棚，平整好地面作畦床，床宽1 m，长度以插条数量而定，床周围用高约5 cm的木框子固定。床内先铺2～3 cm厚沙土，然后按5 cm左右间距拉电加温线，上面再铺沙土。

（2）插条准备：在葡萄枝条度过自然休眠后（2月中下旬），选取枝条。选取的标准是成熟良好的一年生枝，具有品种特征，要求枝条粗壮，节间短、节部膨大，生长充实，髓部较小，芽眼饱满，无病无害。

（3）插条的剪截：将枝条剪成2～4个芽为一根的插条。上端在距芽眼1 cm处平剪；下端剪成马蹄形（斜剪口），剪口在节间处或破节部1/3处斜剪。节部贮藏营养物质多，易产生愈伤组织，发根多。

（4）插条处理及电加温催根：① 插条用生长激素处理。将剪好的插条20～25条1捆，下端3 cm处浸入2 mg/L的IBA溶液中5 s。② 催根。将生长素处理过的插条成捆插入沙土中，用电加温，把温度控制在25～28℃。保持沙土湿润，经15～20 d左右可完成催根。

（5）塑料膜营养袋育苗：① 塑料营养袋制作。用塑料膜制成直径5～6 cm，高15～18 cm的营养袋。底部剪1～2个直径1 cm的小孔，以利于排水和通气。② 插条装袋。把催出幼根的插条小心种入营养袋。营养土可根据具体情况因地制宜选用（如用园田土一份加充分腐熟的厩肥拌和）。然后将营养袋放回育苗床。③ 管理。早期袋温控制在20～25℃，室温最好控制在25℃。3月下旬以后，白天室温不超过30℃，夜间不低于10℃。保持袋内营养土湿度，宜在早上喷水。

（6）移栽：育苗成活后，可在5月份将其移栽露天地面。起袋前应停止喷水，使袋土稍干燥，有一定硬度，便于起袋。要边起袋边移栽，定植后浇透水，以保证定植成活。

实验47　选择除草

【实验原理】

生长素浓度较高时对植物具有杀伤的作用，而不同植物对生长素的敏感性不同，双子叶植物往往比单子叶植物对生长素敏感。

【材料与用品】

天平、量筒、喷雾器。

2,4-D溶液(称取一定量的2,4-D,先溶于少量的酒精或Na_2CO_3溶液中,再加水稀释至预定浓度)。

【实验步骤】

春季小麦返青后,在杂草较多的麦田中喷以2 000~3 000 mg/L的2,4-D溶液,10 d后调查不同杂草受害情形,并注意麦苗有无受害。

【思考题】

还有哪些物质具有除杂草的作用?

实验48　化学杀雄

【实验原理】

乙烯利即2-氯乙基膦酸(2-chloroethyl phosphoric acid),在pH>4.1时可释放出乙烯,而植物细胞内pH一般都大于4.1,因此在吸收乙烯利后就可放出乙烯。乙烯能够控制性别分化,促进雌花的形成,小麦孕穗期至抽穗期施药,可使雄性不育。

【材料与用品】

孕穗期至抽穗期小麦。

天平、量筒、喷雾器。

4 000~6 000 mg/L乙烯利。

【实验步骤】

在小麦挑旗期喷4 000~6 000 mg/L乙烯利水溶液,另用喷水做对照。在抽穗后开花前各把一部分喷乙烯利麦穗用透明纸袋套住,防止天然杂交。在成熟期检查套袋与未套袋的麦穗结实情形,并比较喷乙烯利与喷水的有何差异,解释结果。

【思考题】

还有哪些物质具有化学杀雄的作用?

实验49　防止落花落果

【实验原理】

茄果类和瓜类在设施栽培条件下,往往因早春低温而造成落花落果,果树生产也因气候原因而大量落花落果，产量大减。应用植物生长调节剂，可达到保花保果的目的。

【材料与用品】

番茄、茄子、冬瓜、南瓜、西瓜、梨、葡萄。

2,4-D溶液、防落素溶液、6-BA溶液、GA_3溶液、吡效隆(CPPU)溶液。

【实验步骤】

1. 防止番茄和茄子落花

早期花少时，可用20 μg/L 2,4-D溶液浸花(要防止药液沾在叶面上)。大量开花时用防落素溶液喷花，为防止药液可能对叶片造成伤害，可使用如下浓度：温度20℃以下时用50 μg/L，20～30℃之间用25 μg/L，30℃以上用10 μg/L。2,4-D和防落素除了有保花作用外，还同时有促进子房膨大和果实生长的作用。

2. 防止瓜类幼瓜衰落

冬瓜：宜在开花时用20 μg/L 2,4-D溶液涂果柄。

南瓜：宜在开花时用20 μg/L 防落素溶液涂果柄。

西瓜：宜在开花时用0.1% 6-BA溶液涂果柄。

3. 防止果树落花落果

梨：开花至盛花前喷施10～50 μg/L GA_3溶液防止落花，可促进果实发育，减轻早春霜害的影响。

葡萄：开花至盛花期，用5 μg/L CPPU溶液浸果穗，防止落果，促进膨大。

【思考题】

为什么2,4-D、GA_3、6-BA能够保花保果?

实验50　切花的延衰保鲜

【实验原理】

切花指切离植株母体的花、花序或带花的枝条。由于营养源被切断和机械损伤等原因，促进了与衰老有关的内源激素乙烯的合成，加速了切花的衰老过程，致使切花要比在植株上的花衰老得更快，影响了其观赏价值，因而对切花延衰保鲜的研究有着重要的意义。目前用于切花保鲜的试剂主要有银盐、8-羟基喹啉等化合物。银离子是乙烯生成的拮抗剂，可阻止与乙烯合成有关的酶的合成，另外也可阻止切花脱落酸含量的增加，有延缓切花衰老过程的作用。8-羟基喹啉是一种抗蒸腾剂，可促使气孔关闭，减少蒸腾，有利于维持切花水分平衡，防止凋萎。此外，Ag^+和8-羟基喹啉还有强烈的抑菌和杀菌作用。今年来，人们发现1-甲基环丙烯能长期与乙烯的受体结合,利于商品的长期保存。本实验观察硫代硫酸银(STS)和8-羟基喹啉柠檬酸盐(8-HQC)对金鱼草和矮牵牛切花的延衰保鲜作用。

【材料与用品】

盛花期的金鱼草(或矮牵牛)。

试管及试管架、烧杯、吸管、量筒、剪刀、微量移液管。

2 mmol/L $AgNO_3$ 溶液(称取 85 mg $AgNO_3$,用蒸馏水溶解并加至 250 mL)、8 mmol/L 硫代硫酸钠溶液(称取 496 mg $Na_2S_2O_3 \cdot 5H_2O$,用蒸馏水溶解后加至 250 mL)、1 mmol/L 硫代硫酸银($Ag_2S_2O_3$)溶液(临用前将上述 $AgNO_3$ 和 $Na_2S_2O_3$ 溶液等体积混合)、300 mg/L 8-HQC-蔗糖溶液(称取 75 mg 8-HQC,溶于 250 mL 2%蔗糖溶液中)。

【实验步骤】

1. 取 20 支 25 mL 的试管,分成两组。第 1 组各管加入蒸馏水,第 2 组各管加入 8-HQC-蔗糖溶液,各组分别编号。

2. 从植株上选取 20 支花序或带花和叶的枝条,每个花序或花枝上带有 1 朵刚展开的花,花的生理年龄尽可能一致。用剪刀于距花 5~10 cm 处将剪下,立即插入盛有蒸馏水的烧杯中,然后在水中于花序或花枝基部作第 2 次剪切,剪切的长度约 1 cm,以防空气进入花茎的输导组织。

3. 将 10 支花序分别插入第 1 组的试管中,花序浸入溶液内 4~5 cm;另外 10 支花序插入盛有 STS 溶液的烧杯中,0.5 h 后,将它们分别插入第 2 组试管中;然后,用记号笔标上试管内液面的高度,逐个记录所观察的花的生理状态。

4. 另外从植株上选择 5 朵刚开放的花,其生理上要与切花处于相同的发育阶段,也做上标记,作为第 3 组实验,观察自然状态下花的正常寿命。

5. 记录 3 组实验中每朵花或花序的状态,此后,每天观察一次,直到所有的花凋谢为止;每次观察后补水到原来的高度。

【结果分析】

1. 统计 3 组花开放的天数,并进行比较,分析 STS 和 8-HQC-蔗糖溶液对切花寿命的影响。

2. 观察并比较各组实验中花的大小、形态和花蕾发育的情况。

【思考题】

1. 促使切花衰老的原因有哪些?

2. Ag^+ 和 8-HQC 对切花保鲜作用的机制是什么?

3. 切花保鲜的研究有何意义?

实验51 黄瓜性别分化

【实验原理】

植物的性别与动物相比，其特点表现为它的多样性和易变性。大多数植物形成具有雌蕊和雄蕊的两性花，有的则形成单性花、雌雄同株异花或雌雄异株。而性别的决定与外界环境条件及人类的控制有着密切的关系。植物生长物质对植物性别的分化有显著的作用。本实验意在盆栽条件下，通过叶片喷洒或者根部浇灌，观察赤霉酸控制黄瓜的雌花分化和诱导雄花形成以及矮壮素(CCC)、乙烯利大大促进雌性化的作用。

【材料与用品】

培养健壮的黄瓜幼苗(选择饱满的黄瓜种子播种在花盆中，每盆可播3～5粒，待幼苗长出2～3片真叶时，保留其中一棵健壮的幼苗)。

喷雾器。

8×10^{-2} mol/L CCC溶液(称取1.264 g CCC，溶于100 mL蒸馏水中)、2×10^{-2} mol/L GA_3溶液(称取0.692 g GA_3，溶于100 mL蒸馏水中)。

【实验步骤】

1. 选择18株具有2～3片真叶的健壮黄瓜幼苗，分成6组，每组3株。

2. 将CCC母液用水稀释100倍，用喷雾器均匀喷洒在第1组黄瓜幼苗的叶片上，或浇于花盆中。

3. 将GA_3母液用水稀释100倍，用步骤2的方法处理第2组黄瓜幼苗。

4. 将CCC和GA_3的稀释液等体积混匀后，用步骤2的方法处理第3组黄瓜幼苗。

5. 用100 mg/L乙烯利溶液3滴，滴于第4组黄瓜幼苗生长点。

6. 用200 mg/L乙烯利溶液3滴，滴于第5组黄瓜幼苗生长点。

7. 用蒸馏水代替以上溶液处理第6组黄瓜幼苗，作为对照。

8. 实验记录

(1) 每周观察一次培养物，并作记录。

(2) 六周后结束实验，列表表示各组培养物的处理剂量、植株总数、平均雌花数、平均雄花数及雌花雄花之比。

(3) 描述各组培养物营养生长特点(如节数、高度、叶数、叶厚度、颜色及卷须)。

【思考题】

1. 根据所观察的现象，试分析GA_3和CCC对黄瓜的营养生长有什么影响?

为什么?

2. 根据所得数据,试讨论 GA_3 和 CCC 对黄瓜性别控制起什么作用?

3. 根据所得结果,试讨论乙烯利对黄瓜性别分化起什么作用?

实验 52 果 实 催 熟

【实验原理】

乙烯是植物体内的一种内源激素,具有多种生理作用,还能促进果实成熟。

乙烯利(2-氯乙基磷酸)是一种人工合成的植物激素。它在植物细胞液的 pH 条件(一般 pH>4.1)下,缓慢分解放出乙烯,具有与乙烯相同的生理效应。

【材料与用品】

番茄果实。

容量瓶、量筒、移液管、烧杯、塑料袋。

乙烯利溶液。

【实验步骤】

1. 摘取成熟度一致、果皮由绿转白的番茄 30 个,10 个一组分为 3 组。第 1、2 组分别在不同浓度(500、200 mg/L)乙烯利溶液中浸 1 min[溶液中加入 0.1%吐温-80(Tween-80)作润湿剂];第 3 组浸于蒸馏水中 1 min。

2. 将处理过的番茄分别放在 3 只塑料袋中,缚紧袋口,置于 25~30℃阴暗处。逐日观察番茄变色和成熟过程,记下成熟的个数,直至全部番茄成熟为止。

3. 记录经不同浓度乙烯利处理及对照的番茄的外观特点。

【思考题】

1. 乙烯对果实的成熟引起哪些变化?

2. 试比较乙烯利的催熟作用与处理浓度的关系。

第十七章　植物组织培养综合实验技术

植物组织培养(plant tissue culture)是指植物的任何器官、组织或细胞，在人工控制的条件下，放在含有营养物质和植物生长调节物质等组成的培养基中，使其生长、分化形成完整植株的过程。广义的植物组织培养包括器官培养(organ culture)、胚胎培养(embryo culture)、组织培养(tissue culture)、细胞培养(cell culture)和原生质体培养(protoplast culture)等。植物组织培养技术在农林作物的快速繁殖、脱病毒、远缘杂交、突变体育种、单倍体育种、人工种子培育、种质保存和基因库建立、有用化合物的工业化生产及基因工程等方面都可以发挥重要作用。

植物组织培养是一项要求很高、技术性较强的工作。为了确保组织培养工作的成功和顺利进行，必须具备最基本的实验设备条件，并熟练掌握植物离体培养的基本技术，包括培养基的配制、外植体的选择与处理、无菌操作、环境条件控制等。同时，也应具备植物细胞的脱分化与再分化、离体形态发生与发育、植物生长调节物质的作用机制等基础理论知识。

实验 53　培养基的配制

53-1　培养基母液的配制

【实验原理】

为了避免每次配制培养基都要称量各种化学药品所带来的不便和误差，常常把培养基中必需的一些化学药品，按原量的浓度增大 10 倍、100 倍或 1 000 倍后称量，配成一种浓缩液，这种浓缩液就叫作母液。各种大量元素无机盐配成的母液称为大量元素母液，微量元素无机盐配在一起的母液则称为微量元素母液。用量较少的氨基酸和维生素类也应配制成混合母液，而植物生长调节物质，如 IAA、NAA、2,4-D、激动素(KT)和 6-BA 等，需要灵活搭配使用，通常单个地配制成 0.1～2 mg/mL 的母液。

【材料与用品】

不同感量的电子天平、大烧杯、小烧杯、容量瓶、试剂瓶、药匙、玻璃棒、电炉。

MS培养基所需各种试剂、常用植物生长调节物质。

【实验步骤】

用于配制培养基的水最好是用玻璃容器蒸馏过的去离子的蒸馏水。所用的各种化学药品应尽可能采用分析纯或化学纯级别的试剂,以免杂质对培养物造成不利影响。

现以MS培养基配制为例,说明母液的配制方法。在配制母液时为减少工作量和误差可以把几种药品(如培养基中的大量元素或微量元素)配在同一母液中(表53-1),但应注意各种化合物的组合以及加入的先后顺序,以免发生沉淀。通常把每种试剂单独溶解后再与别的也已完全溶解的药品混合,或者待前一种化合物完全溶解后再加入后一种化合物。混合已溶解的各种矿质盐时还应注意先后顺序,力求把Ca^{2+}与SO_4^{2-}和PO_4^{3-}错开,以免形成$CaSO_4$或$Ca_3(PO_4)_2$的不溶物。同时,要慢慢地混合,边混合边搅拌。

表53-1　MS培养基母液的配制

母液种类	成　分	规定用量/(mg/L)	母液			配1 L MS培养基吸取量/mL
			称取量/mg	定容体积/mL	扩大倍数	
大量元素	KNO_3	1 900	19 000	500	20	50
	NH_4NO_3	1 650	16 500			
	$MgSO_4 \cdot 7H_2O$	370	3 700			
	KH_2PO_4	170	1 700			
	$CaCl_2 \cdot 2H_2O$	440	4 400			
微量元素	$MnSO_4 \cdot 4H_2O$	22.3	1 115	500	100	10
	$ZnSO_4 \cdot 7H_2O$	8.6	430			
	H_3BO_3	6.2	310			
	KI	0.83	41.5			
	$Na_2MoO_4 \cdot 2H_2O$	0.25	12.5			
	$CuSO_4 \cdot 5H_2O$	0.025	1.25			
	$CoCl_2 \cdot 6H_2O$	0.025	1.25			
铁　盐	EDTA-Na_2	37.3	1 865	250	200	5
	$FeSO_4 \cdot 7H_2O$	27.8	1 390			
维生素和氨基酸	甘氨酸	2.0	100	500	100	10
	盐酸硫胺素(VB_1)	0.4	20			
	盐酸吡哆素(VB_6)	0.5	25			
	烟酸	0.5	25			
	肌醇	100	5 000			

铁盐宜单独配制，其配法为：称取 1.865 g EDTA－Na_2 和 1.39 g $FeSO_4 \cdot 7H_2O$，分别用蒸馏水溶解，定容至 250 mL。

植物生长调节物质，一般单独配成 0.1～2 mg/mL 的母液。由于多数生长调节物质难溶于水，因此配法各不相同：生长素类物质（如 IAA、NAA、2，4－D、IBA 等）可先用 1～2 mL 0.1 mol/L或 1 mol/L 的 NaOH 溶解，再加水定容。如果用少量 95％的乙醇助溶后，再加水定容亦可，但有时效果不如用 NaOH 助溶好。配制细胞分裂素类物质（如 KT、BA 等）时，宜先用少量 0.5 mol/L 或 1 mol/L 盐酸溶解，然后加水定容。配制 GA_3 时，可先用少量 95％乙醇溶解，再加水定容。配制 ABA 时，宜先用 0.5 mol/L 的 $NaHCO_3$ 溶解后再加水定容。

配制好的母液应分别贴上标签，注明母液名称、配制浓度或浓缩倍数、日期。母液最好在 2～4℃冰箱中保存，贮存时间不宜过长。如发现母液中出现沉淀或霉团时，则不能继续使用。

【注意事项】

为防止此铁盐溶液在 2～4℃冰箱保存时出现结晶沉淀，可将混合液煮沸片刻，冷却后再定容。

【思考题】

1. 培养基组成成分对植物离体培养细胞有什么功能？

2. 植物激素配制过程中有哪些注意事项？

53－2　培养基配制

【实验原理】

植物细胞与组织培养的成功与否，除培养材料本身的因素外，第二个因素就是培养基。培养基的种类、附加成分直接影响到培养材料的生长发育。而且，在植物细胞与组织培养实验中，培养基制备上的错误所造成的问题比任何其他技术过失所造成的要多，因此必须按规定严格认真地进行配制培养基的操作。

【材料与用品】

电子天平、大烧杯、小烧杯、三角烧瓶（50 mL 或 100 mL）或其他培养容器、量筒（500 mL、50 mL、25 mL）、移液管、微量移液器、玻璃棒、记号笔、玻璃漏斗、酸度计或精密 pH 试纸、橡皮吸球、封口材料、石棉网、电炉。

蔗糖、琼脂、1 mol/L NaOH、1 mol/L 盐酸、各种培养基母液。

【实验步骤】

1. 根据所要配制培养基的体积，称取一定量的蔗糖，于烧杯中加水溶解（A 液）。

2. 按培养基配方吸取一定量的各种母液,与 A 液混合。

大量元素、微量元素、维生素和氨基酸的母液吸取量为:

$$母液吸取量/mL=\frac{配制培养基的数量/mL}{母液扩大倍数}$$

植物生长调节物质的母液吸取量为:

$$母液吸取量/mL=\frac{每升培养基要求的含量/mg}{每毫升中的含量/mg}$$

3. 称取一定量的琼脂,加蒸馏水,加热使其溶化成透明状后,与 A 液混合。

4. 再加蒸馏水定容至最终体积,继续加热,并不断搅拌,直至琼脂完全溶解。

5. 用酸度计或精密 pH 试纸测试 pH,用 1 mol/L NaOH 或 1 mol/L HCl 将培养基 pH 调至规定的数值(一般为 pH 5.0~6.0)。

6. 趁热将配好的培养基用玻璃漏斗或分装器分装到三角烧瓶或其他培养容器中(琼脂约在 40℃时凝固)。培养基的量一般以占培养容器的 1/4~1/3为宜。

7. 尽快用封口材料将分装好培养基的容器封口,并对不同的培养基及时做好标记。常用的封口材料有纱布包被的棉塞、铝箔、耐高温塑料膜或封口膜等。

【思考题】

配制培养基时有哪些注意事项?

实验 54 灭菌、消毒与接种

54-1 培养基的灭菌

【实验原理】

培养基的灭菌是植物组织培养中十分重要的环节。由于未经灭菌处理的培养基带有各种杂菌,同时培养基又是各种杂菌良好的生长繁殖场所,因此分装后的培养基封口后应及时进行灭菌。灭菌不及时,整个培养基会受到污染,杂菌大量繁殖,使培养基失去效用。培养基灭菌的方法有多种,高压蒸汽灭菌法(属于湿热灭菌法)是主要使用的一种方法。

【材料与用品】

高压蒸汽灭菌锅。

已分装但尚未灭菌的培养基。

【实验步骤】

培养基高压灭菌时应注意操作规程。灭菌前首先要向灭菌锅中加入适量的水,使水位高度达到支柱高度。将分装好的培养基及所需灭菌的各种器具放入灭菌锅的消毒桶内，盖好锅盖，旋紧螺丝。加热至灭菌锅内的水开始沸腾时即有蒸汽产生。

为了保证灭菌彻底，在蒸汽灭菌锅增压前应先将锅内的冷空气排尽。排气的方法有两种：可以事前打开放气阀，等水煮沸有大量热蒸汽排出后再关闭放气阀进行升温升压；也可先关闭放气阀，当压力升到 0.5 kg/cm^2 或 0.05 MPa 时打开放气阀排出空气后，再关闭放气阀进行升温。当压力表读数为 1.1 kg/cm^2 或 0.1 MPa，121℃时保持 15～20 min，即可达到灭菌目的。

在保持压力过程中，应严格遵守时间，时间过长，培养基中的有机物质会遭到破坏，影响培养基成分，时间短则达不到灭菌效果。

灭菌完成后，切断电源或热源，待锅内压力接近"0"时，方可打开放气阀，排出剩余蒸汽，打开锅盖取出培养基(切勿为急于取出培养基而直接打开放气阀放气，否则锅内气压下降太快会引起减压沸腾，使容器中的液体溢出，造成浪费或污染，甚至危及人身安全)。

高压灭菌的培养基凝固后，不宜马上使用，应在培养室中预培养 2～3 d，若没有杂菌污染，才可放心使用。暂时不用的培养基最好置于 10℃下保存，含有生长调节物质的培养基在 4～5℃低温下保存更理想。含有 IAA 或 GA_3 的培养基应在配制 7 d 内用完，其他培养基应该在灭菌后 14 d 内用完，至多不超过 1 个月，以免培养基干燥变质。

【思考题】

总结高压蒸汽灭菌的原理和操作规程。

54－2 培养材料的消毒与接种

【实验原理】

植物组织培养用的材料(即外植体，explant)大部分取自田间，有的是地上部，有的是地下部，其表面带有各种微生物。因此，在把外植体材料接种到培养基之前必须进行彻底的表面消毒，以防止污染培养物(内部已受到细菌或真菌侵染的外植体在组织培养中一般都淘汰不用)。无菌的外植体材料是取得植物组织培养成功的最基本的前提和重要保证。

【材料与用品】

植物的茎尖、茎段、叶片、果实、种子、花药、根及其他地下部器官等。

超净工作台、镊子、解剖剪、解剖刀、解剖针、酒精灯、手持喷雾器、广口瓶、培养皿。

升汞、漂白粉(饱和上清液)、NaClO、70%酒精、灭菌蒸馏水、(灭好菌的)培养基。

【实验步骤】

1. 接种前的准备

(1) 培养基准备：按培养材料的要求，配制好培养基。植物器官和组织培养常用的培养基有 MS、LS、Miller、Nitsch、H、T、White、B_5、N_6 等。

(2) 接种室准备：首先将接种工具、无菌蒸馏水、培养基等置于超净台上，打开超净台开关，让风流吹 10 min。然后，向台内喷洒 70%酒精降尘或用紫外线照射 15 min 进行灭菌。

2. 外植体的表面消毒

外植体消毒的总体步骤如下所示：

外植体取材→自来水冲洗→70%酒精表面消毒(20～60 s)→无菌水冲洗→消毒剂处理→无菌水充分冲洗→备用

外植体材料的表面消毒，是组织培养技术的重要环节。表面消毒的基本要求是既要有效地杀死材料表面的全部微生物，又要不伤害材料，因为表面消毒剂对植物组织也是有害的。这要根据不同材料，选用适当的消毒剂、合适的浓度和处理时间，灵活掌握使用。

(1) 茎尖、茎段及叶片等的消毒：植物茎、叶部分多暴露于空气中且常有毛或刺等附属物，易受到泥土、肥料中的杂菌污染，消毒前需先经自来水较长时间地冲洗，特别是一些多年生的木本植株材料，冲洗后还要用沾有肥皂粉(或洗洁精、Tween)的软毛刷进行刷洗。消毒时先用 70%酒精浸泡 10～30 s，以无菌水冲洗 2～3 次后，按材料的老、嫩和枝条的坚硬程度，分别采用 2%～10%的 NaClO 溶液或 0.1%升汞浸泡 10～15 min；若材料表面有茸毛或凹凸不平，最好在消毒液中加入几滴 Tween-80。消毒后再用无菌水冲洗 3～4 次后方可接种。

(2) 果实和种子的消毒：视果实和种子的清洁程度，先用自来水冲洗 10～20 min，甚至更长时间。再用 70%酒精迅速漂洗 1 次。果实用 2%NaClO 溶液浸泡 10 min，用无菌水冲洗2～3 次后，就可取出果实内的种子或组织进行接种。种子则先要用 10%NaClO 溶液浸泡 20～30 min，甚至几小时，持续时间依种皮硬度而定；对难彻底消毒的，还可用 0.1%升汞或 1%～2%溴水消毒 5 min。对于用作胚或胚乳培养的种子，有时因种皮太硬接种时无法解剖，则可在消毒前去掉种皮(硬壳大多为外种皮)，再用 4%～8%的NaClO溶液浸泡 8～10 min，经无菌水冲洗后即可解剖出胚或胚乳进行接种。

(3) 根及其他地下部器官的消毒：由于这类材料生长于土壤中，取材时常有损伤及带有泥土，消毒较为困难。可预先用自来水冲洗、软毛刷刷洗，切去损伤及污染严重部位，吸干后再用70%酒精浸泡一下，然后用0.1%～0.2%升汞浸泡5～10 min或2%NaClO溶液浸泡10～15 min，以无菌水冲洗3～4次，用无菌滤纸吸干水分后即可接种。如上述方法仍不能排除污染时，可将材料浸入消毒剂中进行抽气减压，以帮助消毒剂渗入，达到彻底消毒的目的。

(4) *花药的消毒*：用于培养的花药，实际上多未成熟，由于它的外面有花萼、花瓣或颖片保护，通常处于无菌状态，所以只需将整个花蕾或幼穗消毒即可。一般用70%酒精浸泡数秒，用无菌水冲洗2～3次后，再在饱和的漂白粉(上清液)中浸泡10 min，经无菌水冲洗2～3次即可接种。

3. 外植体的接种

将已消毒的外植体在超净台上进行分离，切割成所需要的材料大小，并将其转移到培养基上的过程，即是外植体接种(explant inoculation)。具体步骤如下。

1) 穿好工作服，用肥皂洗手，最好再在新洁而灭(化学名称：苯扎溴铵)溶液中浸泡10 min。接种前用70%酒精擦洗双手(*尤其注意手指和指尖的消毒*)。

2) 解除培养容器上捆扎包头纸的线绳或橡皮筋，将其整齐排列在接种台左侧；将刀、镊子等接种工具蘸以70%(或95%)酒精，在酒精灯火焰上灼烧灭菌后放在支架上，放凉备用。

3) 在无菌培养皿或无菌滤纸上切割已消毒的外植体，较大的材料肉眼观察即可操作分离，较小的材料需要在双筒实体解剖镜下操作。

4) 左手拿试管或三角瓶，用右手轻轻打开包头纸，将瓶口靠近酒精灯火焰并倾斜，其外部在火焰上燎烧数秒，慢慢去掉瓶塞或封口膜；将瓶口在火焰上旋转灼烧后，用镊子迅速将外植体接入培养容器内的培养基上并使之均匀分布，将封口物在火焰上旋转灼烧数秒后封住瓶口。

5) 所有材料接种完毕，包扎好包头纸，做好标记，注明材料名称、培养基代号、接种日期等。然后，将接种材料转移到培养室内，于适宜的环境条件下进行培养。

【注意事项】

1. 尽管从理论上讲，植物细胞具有全能性，若条件适宜，都能再生成完整植株，任何组织、器官都可作为外植体。但实际上，植物种类不同，同一植物不同器官，同一器官不同生理状态，对外界诱导反应的能力及分化再生能力是不同的。选择适宜的外植体需要从植物基因型、外植体来源、外植体大小、取材季节及外植体的生理状态和发育年龄等方面加以考虑。

2. 切割外植体的分离工具要锋利，切割动作要快，防止挤压，以免使材料受损伤而导致培养失败。

3. 接种时要防止交叉污染的发生,刀和镊子等接种工具每次使用后应放入70%(或95%)酒精中浸泡,然后灼烧,放凉备用。

4. 通常,茎尖培养存活的临界大小应为1个茎尖分生组织带1~2个叶原基,0.2~0.3 mm大小;叶片、花瓣等约为0.5 cm^2,茎段则长约0.5 cm。

5. 接种时,外植体在培养容器内的分布要均匀,以保证必要的营养面积和光照条件。茎尖、带芽茎段等基部插入固体培养基中,无芽的节间平置于培养基表面;叶片通常将叶背面接触培养基,这是由于叶背面气孔多,利于吸收水分和养分的缘故。不同植物的花药离体培养时,要注意花粉的发育时期,而且剥取花药接种时切勿带花丝,每瓶可接入花药若干,具体数目视花药大小而定。

6. 在超净工作台接种时,应尽量避免做明显扰乱气流的动作(如说笑、打喷嚏),以免气流紊乱,造成污染。

【思考题】

接种后的污染调查:各种外植体接种7 d后,调查污染情况并将调查的结果填入表54-1内。分析污染出现的原因及预防措施。

表54-1 污染情况调查表

接种日期	接种数/瓶	污染数/瓶	污染率/%	主要污染菌种

实验55 植物离体培养的形态发生调控与实验观察

【实验原理】

植物组织培养的主要目标之一是诱导愈伤组织形成和形态发生,使一个离体的细胞、一块组织或一个器官的细胞,通过脱分化形成愈伤组织,并由愈伤组织再分化形成植物体。只有满足某些条件,愈伤组织的细胞才会发生再分化,产生芽和根,进而发育成完整植株。细胞的极性、细胞在植物体中的位置、细胞的发育时期、各种生长调节物质和某些化学物质,以及光照、温度、湿度等物理因素都能影响细胞分化。植物生长调节物质对植物组织培养起决定性作用，也是培养基的“秘诀”。根据组织培养的目的、外植体的种类、器官的不同和生长表现来确定植物生长调节物质的种类、浓度和比例关系，可以调节植物组织的生长发育进程、分化方向和器官发生。

在植物组织培养中，不定芽方式和胚状体方式是愈伤组织形态发生的两种最常见和最重要的方式。不定芽方式是在某些条件下，愈伤组织中的分生细胞发生分化，形成不同的器官原基，再逐渐形成芽和根。胚状体方式是由愈伤组织细胞诱导分化出具有胚芽、胚根、胚轴的胚状结构，进而长成完整植株。这种由愈伤组织中的薄壁细胞不经过有性生殖过程，直接产生类似于胚的结构，叫作胚状体。胚状体方式比不定芽方式有更多的优点，如胚状体产生的数量比不定芽多，胚状体可以制成人工种子等。

植物离体培养的形态发生过程，也可能不经愈伤组织阶段，直接从外植体上产生不定器官（芽、根）或胚状体。

除上述途径外，在茎尖培养时，往往会诱发侧芽萌发，形成芽丛或一定数量的萌发枝。在这种情况下，可将产生的芽丛分割成单个芽苗或小芽丛，将萌发枝分割成含侧芽的茎段，转至新鲜培养基上继续增殖，或转入加有生长素类的培养基中，诱导长根并形成完整植株。

【材料与用品】

生长健壮的烟草（无菌苗或室外培养的幼苗）。

超净工作台、镊子、解剖剪、解剖刀、酒精灯、手持喷雾器、广口瓶、烧杯、培养皿、组培瓶、封口材料、实体显微镜或放大镜、计数器等。

升汞（$HgCl_2$）、NaClO、70%乙醇、灭菌蒸馏水、无菌滤纸。

培养基：根据实验的时间顺序，先后配制好以下 5 种不同的固体培养基，调 pH 至5.0～6.0，湿热灭菌后备用。具体成分如下。

（1）愈伤组织诱导培养基：MS＋0.5 mg/L 2，4－D＋0.2 mg/L KT（或 6－BA）＋30 g/L 蔗糖。

（2）不定芽分化培养基：MS＋2 mg/L KT（或 6－BA）或 MS＋2 mg/L KT（或 6－BA）＋0.05 mg/L IAA＋30 g/L 蔗糖。

（3）不定根诱导培养基：MS 基本培养基或 MS＋0.05 mg/L IAA（或 NAA）＋15～20 g/L 蔗糖。

（4）不定芽直接分化培养基：MS＋2 mg/L KT（或 6－BA）＋30 g/L 蔗糖。

（5）不定根直接分化培养基：MS＋0.5 mg/L NAA（或 IAA）＋0.1 mg/L KT（或6－BA）＋15～20 g/L 蔗糖。

【实验步骤】

1. 操作前将手彻底洗净,并用70%乙醇充分擦拭消毒。

2. 在超净台上,取无菌烟草苗的中上部健康叶片,在无菌培养皿或无菌滤纸上剪成约0.5cm×0.5cm的小块,叶背面向下接种于培养基(1)中,诱导愈伤组织。

对室外培养的烟草,采集其中上部健康叶片,保留叶柄,用自来水冲洗干净后,放于超净台上的无菌烧杯中,加入70%乙醇浸泡数秒,以无菌水冲洗2~3次,用2%~10%NaClO溶液或0.1% $HgCl_2$溶液浸泡10~15 min,再用无菌水冲洗3~4次后,方可剪成小块接种于培养基(1)中。

将接种材料置于培养室内培养,注意观察和记录愈伤组织发生的部位、时间、形态和生长情况等。

3. 取生长旺盛的新鲜愈伤组织,在无菌条件下,转接到培养基(2)中诱导不定芽分化。培养2~4周,即在愈伤组织表面分化出不定芽。其间注意观察和记录不定芽的发生部位、时间、形态、数量和生长状况。

4. 待不定芽长至约2 cm长时,小心将其从愈伤组织表面剥离,转接到培养基(3)中,诱导不定根以获得完整的再生植株。注意观察和记录不定根的发生部位、时间、形态、数量和生长状况。

5. 将步骤2中剪切的叶块接种至培养基(4)中,培养一定时间,可观察到大量不定芽直接在叶片切口周围发生,外植体上无明显的愈伤组织。

6. 将步骤2中剪切的叶块接种至培养基(5)中,培养一定时间,可观察到在切口周围有大量的毛状不定根直接发生,观察不到愈伤组织。

7. 观察并记录接种的烟草叶块在离体培养条件下,形态变化和器官发生的方式;识别愈伤组织、不定芽、不定根和完整植株的形态;观察和统计愈伤组织和不定器官的分化情况,分别将统计结果记入表55-1和表55-2内。

表55-1　不同培养基中培养材料褐变、污染情况统计

培养基编号	培养外植体/块	褐变外植体		污染外植体	
		块数	褐变率/%	块数	污染率/%

表 55－2 不同培养基对愈伤组织诱导和器官分化的影响

培养基编号	培养外植体/块	形成愈伤组织外植体		分化芽外植体		分化根外植体		形成完整植株	
		块数	诱导率/%	块数	分化率/%	块数	分化率/%	个数	成株率/%

【注意事项】

1. 充分做好无菌操作前的准备工作；操作过程中，要严格按照前述无菌操作的具体要求，规范操作，避免因工具、器皿、培养材料和不当操作等造成污染。

2. 升汞有剧毒，操作时切勿直接接触皮肤；用完后不能直接排入下水道，应收集到专用的回收容器中，进行无害处理。

【思考题】

1. 结合本实验，分析生长素与细胞分裂素在植物细胞分化中的作用。

2. 查阅文献，综述离体条件下植物形态发生的途径、影响因素及调控机制。

实验 56 试管植株的驯化与移栽

【实验原理】

植物组织培养中获得的小植株长期生长在试管或三角瓶内（故称试管植株或试管苗），处于恒温、高湿、弱光、无菌和养分充足的特殊条件下，虽含有叶绿素，但仍以异养生长为主，体表几乎没有什么保护组织，生长势弱，对外界环境的适应力极差，要移入土壤中生长，完成由异养到自养的转变，需要一个逐渐适应的驯化（acclimatization）或炼苗过程。经此锻炼后，这些植株方可被移栽到合适的基质中，并采取适当的管理措施，保证其成活。这是组织培养技术能否进行大量生产和实际应用所面临的一个重大问题，同时也是商品化生产出售产品，获得效益的最终环节，应给予高度重视。

【材料与用品】

具根完整试管植株。

移苗盘或花盆（可视具体条件选择不同的移苗用具）、移栽基质（蛭石、珍珠岩、草炭、苔藓、河沙等）、喷壶或喷雾装置等。

【实验步骤】

1. 培育壮苗

移栽成活率主要和苗子的健壮度有关。移栽前,适当降低培养温度,增强光照,或在培养基中加入一定量的生长延缓剂(如 PP_{333}、B_9、CCC 等),使小苗的木质化程度增高,积累更多的营养物质,提高生长势。

2. 炼苗

打开瓶塞,将试管植株置室温和自然光下锻炼 2～7 d。通过此措施可恢复叶绿体光合作用功能,使试管植株由异养逐渐过渡到自养,并逐步适应外界环境条件。

3. 准备移栽基质

根据植物种类不同选择适宜的基质。移栽基质以疏松、排水性和透气性良好为宜,可选择蛭石、珍珠岩、草炭、苔藓、腐殖土、河沙、锯末等,而且用前一定要经过彻底消毒以避免感染。

4. 移栽

小心将试管植株从瓶中取出,用清水洗净附着于根部的培养基,然后移植于移苗盘或花盆内的基质中,浇透水。

5. 看护管理

第一,刚移栽的试管植株要先经过 2～3 d 的遮阴保护,避免强光照射。第二,要加强小苗的湿度、温度管理。基质湿度是根系成活的关键,但不宜过湿,应维持良好的通气条件,促使根的生长;空气也应保持湿润,以免试管植株失水枯死。环境温度要适宜。第三,逐步将移栽的试管植株过渡到自然光照和正常空气湿度下,其间可进行适量的叶面追肥。

6. 定植

当观察到移栽后的试管植株地上部开始长高,并有新叶长出时,表明已形成强健的根系,移栽植株已成活。为防止移栽基质缺乏植物生长必需的营养,应适时将其定植于大田土壤中。定植初期,应注意遮阴、保湿,缓苗后即可按常规管理。

7. 实验记录

记录试管植株在驯化、移栽和定植过程中的生长变化情况,并统计各期的存活率。

【注意事项】

1. 准备移栽的试管植株高以 3～5 cm 为宜,若苗过于细长则难以移栽成活。一般在根刚刚长出,根长几毫米时移栽最为适宜,此时根的生活力较强,而且取苗时不易损伤根尖。

2. 移栽基质的消毒方法，可以用0.3%～0.5%的高锰酸钾，也可以是高温消毒。

3. 从培养容器中取苗时，切忌用力过猛，以防折断苗根或因捏挤损伤输导组织。

4. 试管植株根部的培养基务必清洗干净，以防杂菌滋生。

5. 移栽和定植初期，为保证足够大的空气湿度，可采用喷雾装置，且雾滴越细越好。若无此条件，可用干净塑料杯或塑料薄膜做成的小拱棚罩住移苗，以控制空气湿度。

【思考题】

概述提高试管苗移栽成活率的可能措施。

第十八章　植物光周期反应类型的测定与光周期诱导的研究

一些植物能否开花受光周期的影响，对光周期敏感的植物必须经适宜的光周期条件诱导才能开花，但引起植物开花的适宜光周期处理并不需要一直持续到植物花芽的分化为止，达到一定生理年龄的植株，只需要一段时间适宜的光周期处理，即可使植物保持光周期效应。本章实验包括植物光周期反应类型和临界日长的测定，以及光周期与暗间断对植物开花的影响。

实验 57　植物光周期诱导

【实验原理】

植物的花诱导受到某些外界条件如光周期的影响。许多植物从营养生长到生殖生长的过渡要求一定的昼夜长度比例，这种现象称为光周期现象。需要长日照的植物称为长日植物(短夜植物)，需要短日照的植物称为短日照植物(长夜植物)，不需要昼夜长度比例的植物则称为日中性植物。

植物放在日照和黑暗一定比例的条件下，经过一定的天数(诱导期)后，即使放回到不适宜的日光和黑暗比例下仍能开花，这称为光周期效应。本实验所用材料日本青萍 6746 为短日照植物，临界夜长为 11 小时，最短诱导天数为 2。另外，此材料是浮萍科浮萍属的一种飘浮植物。它的繁殖能力强，生活周期短，培养 15 天左右即可开花。而且该植物植株小，能采用无菌的方法在三角瓶中培养。

为了对光周期现象深入了解，可以做各种不同处理，例如：① 在一定的诱导期下，做各种不同的光周期处理，以摸索其临界夜长；② 在一定的光周期处理下，做各种诱导期的处理，以观察诱导期的不同对植物开花反应的影响；③ 在诱导暗期中给以短时间的照光，以观察暗间断现象对植物开花的影响。

【材料与用品】

日本青萍 6746(*Lemna paucicostata* 6746)。

三角瓶、恒温培养箱、光照架或光照箱、暗室、照度计、红光灯、高压蒸汽灭菌锅、超净工作台、冰箱、镊子。

Hutner 培养基：成分见表 57－1。先以 1 000 倍的浓度分别配制各种成分的母液 100 毫升，置冰箱中保存。取各母液 0.8 mL 和蔗糖 8 g 放到重蒸水中定容至 1 000 mL，再用 1 N NaOH 或 1 N HC1 调 pH 5.6～6.0。按每瓶 40 mL 将培养基分装于 100 mL 的三角瓶中，塞上棉塞，扎好牛皮纸，于高压灭菌锅中（121℃）灭菌 20 min。也可以以锡纸代替棉塞和牛皮纸。

表 57－1　Hutner 培养基成分

试　剂	浓度 mg/L	试　剂	浓度 mg/L
K_2HPO_4	40	$MnSO_4 \cdot H_2O$	1.54
EDTA	50	H_3BO_3	1.42
$FeSO_4 \cdot 7H_2O$*	2.49	$NaMoO_4 \cdot 2H_2O$	2.52
$MgSO_4 \cdot 7H_2O$	50	$CuSO_4 \cdot 5H_2O$	0.394
MH_4NO_3	20	$CoSO_4 \cdot 7H_2O$	0.09
$CaCO_3$**	15	蔗　糖	10 000
$ZnSO_4 \cdot 7H_2O$	6.585		

* $FeSO_4 \cdot 7H_2O$ 和 EDTA 形成可溶于水的螯合物。
** $CaCO_3$ 母液的配制：用十几滴蒸馏水浸湿，然后用玻棒搅拌，并逐滴加入浓 HNO_3 约 2.3 mL，使 $CaCO_3$ 完全溶解后定容 100 mL。

【实验步骤】

1. 接种

取 15 瓶培养基，在超净工作台中，按无菌操作要求，用长镊子各接入 3～4 片日本青萍 6746 三片叶状体构成的集群。

2. 预培养

上述三角瓶置于 16 小时长日照（LD）下培养 7～8 d。光源为 40 W 的白炽灯两只，光照强度为 2 000 lx。光照时温度为 26～27℃，黑暗时为 23～24℃。

3. 光周期处理

把培养 7～8 d 的日本青萍 6746 转接至新鲜的同样的培养基中用不同的光周期进行处理，每种处理五个重复。光周期诱导均进行 4 d（表 57－2）。

表 57－2　日本青萍 6746 的光周期处理

处　理	瓶　号	照光时数/h	黑暗时数/h	天数/d
短日处理	1～5	8	16	4
长日处理	6～10	16	8	4
暗间断	11～15	8	16*	4

* 暗间断处理即在暗处理接近中间的时候给植物以 0.5 h 左右的 600～660 nm 红光照射处理。

4. 再培养

处理完毕后,将培养物置于长日条件下,并注意观察各种处理对开花的影响,一般从光周期处理完毕的第一天算起,第九天即可在经短日诱导的叶状体边缘裂口上看到有针尖大小的小黄花,每日记载开花的叶状体群数,直至花数下降为止。

【结果分析】

1. 叶状体状态

青萍6746经短日光周期诱导后,正在开花的叶状体群呈屋脊形(∧),而长日处理下的是平铺状的。连续四天暗期光间断处理的叶状体群形态介于短日和长日处理之间,但更相似于长日处理的。

2. 光周期诱导对开花的影响

上述三种处理,只是经4天短日诱导的处理开花,说明此材料为短日植物。

3. 花的观察

用显微镜观察青萍的花,其雌雄同株,佛焰花序,花序外面有膜质圆形的佛焰苞包围,每一个花序有2个雄花,1个雌花。雄花的花丝细,花药四室。雌蕊呈葫芦状,花柱短,柱头全绿,呈短漏斗状。

【思考题】

1. 试比较三组不同处理的结果并解释。

2. 植物光周期现象的研究有何实践意义?试举例说明。

实验58 植物光周期反应类型的测定

【实验原理】

盐地碱蓬为一绝对短日植物,易于培养,营养体很小时就能感受光周期变化。通过设定不同的光周期来处理盐地碱蓬,就可以找出其临界日长。若处理光周期大于某一临界日长就开花,则为长日植物;若短于某一临界日长就开花,则为短日植物。在确定其临界日长后,将其置于诱导光周期下诱导不同的天数,观察其开花情况,就能确定其诱导光周期数。

【材料与用品】

盐地碱蓬种子。

塑料花盆、遮光帽(用铁丝、旧报纸糊好后外表刷一层黑漆,要求不透光,大小刚好扣住花盆)、河沙、生物灯(或日光灯等)。

霍格兰(Hoagland)营养液、NaCl。

【实验步骤】

1. 植物培养

将河沙洗净，盛于花盆中，把盐地碱蓬种子均匀播种于花盆内，每天浇灌以50%浓度的霍格兰营养液，待出苗后浇以含有 75 mmol/L NaCl 的霍格兰营养液；待苗长至 3～5 片真叶后间苗，每盆留 3 棵；待苗长出第 5～7 片真叶时用于实验。

2. 临界日长的测定

将植物转移至可控制光照和温度的温室中培养，取 6 盆植物，分别进行不同的光周期处理，光周期分别设为 8 h、10 h、12 h、14 h、15 h、16 h（通过给植物盖遮光帽或补充光的方式控制植物每天的照光时间，若自然日照长度小于所设定的光周期就用生物灯或日光灯补充光照，若自然日照长度大于所设定的光周期就用遮光帽来遮光）。一直处理至盐地碱蓬开花为止。分析盐地碱蓬在不同光周期下的开花情况，统计花的数目，从而判断盐地碱蓬的光周期反应类型。

3. 诱导光周期数的测定

取 7 盆长至 5～7 片真叶的盐地碱蓬幼苗放入温室中，用 10 h 白天/14 h 黑暗的光周期进行诱导，分别诱导 4 d、5 d、6 d、7 d、8 d、9 d、10 d 后停止光周期诱导，转于自然光周期下（要求日照长度大于 14 h）继续培养观察，记录其开花情况和开花数目，从而判定其诱导光周期数。

【注意事项】

每天必须严格控制光照时间。

【思考题】

1. 盐地碱蓬培养时为什么要加入 NaCl?

2. 盐地碱蓬是短日植物，是否光周期越短越利于花的形成？结合实验结果进行分析。

第十九章　植物成熟与衰老的某些生理生化变化

实验 59　ACC 含量的测定

植物成熟衰老受到激素的调节，乙烯是参与成熟衰老调节的重要激素之一。当果实成熟到一定程度时，会出现呼吸峰，与乙烯含量的增加有关。而且乙烯含量与器官脱落有密切关系，乙烯能诱发纤维素酶和果胶酶的合成，并能提高这两种酶的活性，使离层细胞壁降解，引起器官脱落。

【实验原理】

1-氨基环丙烷羧酸（1-aminocyclopropane-1-carboxylic acid，ACC）是乙烯前体，是一种非蛋白质氨基酸，体外条件下在低温和 Hg^{2+} 存在时，NaClO 能氧化 ACC 产生乙烯。所释放的乙烯可用气相色谱仪测定，根据乙烯产量计算出 ACC 含量。

【材料与用品】

新鲜和成熟衰老的植物组织或器官。

研钵、分液漏斗、离心机、移液枪、10 mL 试管（带橡皮塞）、气相色谱仪。

液氮、氮气、95%乙醇、三氯甲烷（氯仿）、25 mmol/L $HgCl_2$ 溶液（称取 67～87 mg $HgCl_2$ 溶于 10 mL 蒸馏水中，配制时须加热使之溶解后定容）、NaClO-NaOH 混合液[5.5%次氯酸钠和饱和 NaOH 溶液（$V/V=2:1$）混合物均匀后置冰浴中冷却备用，需当天配制]、0.1 mmol/L ACC 溶液[精确称取 1.01 mg ACC 放于 10 mL 容量瓶中用蒸馏水定容，置冰箱中保存备用]。

【实验步骤】

1. 提取液的制备

取适量实验材料，液氮冷冻后研磨成粉，取 0.1 g 研磨粉样加入 2 mL 95%乙醇，80℃水浴 15 min，于 8 000g 下离心 15 min，取上清液，重复以上步骤合并两次上清液。氮气吹干上清液后加 2 mL 蒸馏水混匀器混匀，加入 2 mL 氯仿混匀，置于冰箱过夜，使水相和氯仿分层，去除氯仿层，水相即为 ACC 待测样品。

2. 样品 ACC 乙烯释放量的测定

吸取样液 500 μL，注入 10 mL 试管，加入 40 μL $HgCl_2$溶液和 460 μL 蒸馏水，用橡胶塞密封试管。样品置于冰水浴中预冷 5～10 min，注入 100 μL 预冷的 NaClO－NaOH 混合溶液，振荡 5 min，2～3 min 后再振荡一次。取 1 mL 的气样注入气相色谱仪中，检测出气样的乙烯含量 E1。以同样的方法吸取 0.1 mmol/L 的标准 ACC 溶液 500 μL，注入10 mL 的试管，测定出标准 ACC 溶液乙烯的含量 E2。通过以下公式计算出 ACC 含量，单位为 nmol/g：

$$\text{ACC 含量} = \frac{\text{E1} \times c \times V}{E2 \times m} \times 10$$

式中，E1 为样品 ACC 提取液转化成乙烯的含量；E2 为标准 ACC 溶液转化成乙烯的含量；c 为标准 ACC 溶液浓度；V 为标准 ACC 溶液的取样量；m 为样品的鲜重。

【思考题】

ACC 除了参与植物成熟衰老的调节，还在哪些生理过程中发挥作用？

实验 60 H_2O_2含量的测定

在正常情况下，植物细胞内活性氧的产生与清除处于动态平衡状态。但在植物衰老过程中，这种平衡遭到破坏，活性氧的浓度增大，超过了伤害“阈值”，会阻碍植物细胞组织正常功能，致使生命活动发生紊乱而进一步衰老。

60－1 硫酸钛比色法

【实验原理】

H_2O_2与硫酸钛（或氯化钛）反应生成过氧化物-钛复合物黄色沉淀，可被 H_2SO_4 溶解后，在 415 nm 波长下比色测定。在一定范围内，其颜色深浅与 H_2O_2浓度呈线性关系。

【材料与用品】

幼嫩和成熟衰老的植物组织或器官。

容量瓶、离心机、分光光度计、烧杯、试管、玻璃棒、比色皿、天平、研钵、离心管、微量移液器。

提取介质：4℃预冷的丙酮。

2 mol/L H_2SO_4、浓氨水、20％(V/V) $TiCl_4$（在通风橱中配制，取 40 mL $TiCl_4$，加浓 HCl，成固体后，加 4℃预冷的蒸馏水溶解定容至 200 mL）。

【实验步骤】

1. 绘制标准曲线

取 57 μL 30% H_2O_2,用蒸馏水稀释至 100 mL,配成 0.1 mmol/L 的 H_2O_2 母液。取 7 支 10 mL 离心管,编号 1～7,按表 60－1 加样。

表 60－1　H_2O_2 浓度测定标准曲线制作加样表

成　分	编			号			
	1	2	3	4	5	6	7
H_2O_2 母液/mL	0	0.1	0.2	0.4	0.6	0.8	1.0
4℃预冷的丙酮/mL	1.0	0.9	0.8	0.6	0.4	0.2	0
20% $TiCl_4$/mL	0.1	0.1	0.1	0.1	0.1	0.1	0.1
浓氨水/mL	0.2	0.2	0.2	0.2	0.2	0.2	0.2
H_2O_2 含量/μmol/L	0	0.01	0.02	0.04	0.06	0.08	0.1

混匀后,3 000 r/min 离心 10 min,弃上清液,向沉淀中加入 5 mL 2 mol/L H_2SO_4,待沉淀完全溶解后,转移至 10 mL 容量瓶中,用蒸馏水定容至 10 mL,以 1 号管作对照,测定 415 nm 处的吸光度值,根据 H_2O_2 含量及吸光度值绘制标准曲线。

2. 样品的测定

称取植物材料 0.2 g,加 4℃预冷的丙酮研磨提取,加入丙酮的总体积为 5 mL(材料用量可根据实际情况适当调整)。匀浆液转入 5 mL 离心管中,3 000 r/min 离心 10 min,上清液即为 H_2O_2 待测液。

反应体系为：1 mL 待测液＋0.1 mL 20% $TiCl_4$＋0.2 mL 浓氨水。待沉淀形成,3 000 r/min 离心 10 min,保留沉淀弃上清液,用适量丙酮(5 mL)洗涤 3～5 次,最后沉淀用 5 mL 2 mol/L H_2SO_4 溶解,转移至 10 mL 容量瓶中,用蒸馏水定容至 10 mL,以标准曲线中的 1 号管作对照,测定 415 nm 处的吸光度值。

3. 结果计算

从标准曲线上查出 1 mL 待测液中 H_2O_2 的含量 n(单位为 μmol),然后计算材料中 H_2O_2 的总含量(单位为 μmol/g)。单位鲜重样品的计算公式为：

$$H_2O_2\text{ 含量} = \frac{n \times Vt}{V_s \times FW}$$

式中，n 为 1 mL 待测液中 H_2O_2 的含量（μmol）；V_t 为上清液总体积（mL）；V_s 为测定时所用上清液体积（1 mL）；FW 为材料鲜重（g）。

60－2　DAB 染色法

【实验原理】

二氨基联苯胺（diaminobenzidine，DAB）染色法是对过氧化氢进行原位定位染色的方法。在过氧化物酶催化下，DAB 可以与过氧化氢在植物组织产生处发生反应，形成红褐色斑点，因此利用 DAB 染色可以对叶片或植株进行组织化学原位检测，通过观察产生的斑点便可检测过氧化氢的聚集情况。一般应用于较嫩的根尖、叶片等植物组织的染色。

【材料与用品】

新鲜的植物材料。

烧杯、量筒、试管、水浴锅、相机。

DAB 干粉、浓盐酸、NaOH、80％乙醇。

【实验步骤】

1. 染色液的配制

称取适量的 DAB 干粉，蒸馏水溶解，染色液的浓度为 1 mg/mL。使用浓盐酸将溶液 pH 调至 3.8。使用磁力搅拌器加速 DAB 溶解。使用前用新配制的 NaOH 溶液调 pH 至 5.8，现配现用。

2. 染色

剪取同一叶位的植物叶片，放入装有 DAB 染色液（1 mg/mL）的试管中，28℃避光保存 8 h 以上或过夜。

3. 脱色

倒掉管中的染液，加入 80％乙醇，水浴沸水处理 10 min 以上，至叶片脱色。

4. 观察

当叶片背景色为白色，拍照观察。

【注意事项】

1. DAB 对光敏感，溶解过程需要避光，DAB 染色液应低温密封保存。

2. 显色工作液应现用现配，新鲜配制的工作液应为无色或浅棕色，如颜色过深，请勿使用。

3. 实验材料要新鲜。

【思考题】

植物在哪些情况下会产生 H_2O_2？ H_2O_2 是如何产生以及被清除的？

实验 61 $O_2^{\cdot -}$产生速率与含量的测定

植物的衰老过程中,细胞膜膜脂发生过氧化。过氧化反应主要是由植物代谢过程中产生的 $O_2^{\cdot -}$ 等活性氧基团或分子引起的,当它们在植物体内引发的氧化性损伤积累到一定程度,植物就出现进一步的衰老,甚至死亡。

61-1 羟胺氧化法

【实验原理】

利用羟胺氧化的方法可以测定生物系统中 $O_2^{\cdot -}$ 产生速率。$O_2^{\cdot -}$ 与羟胺反应生成 NO_2^-,NO_2^- 在对氨基苯磺酸和 α-萘胺的作用下,生成粉红色的偶氮染料(对-苯磺酸-偶氮-α-萘胺)。生成物在 530 nm 波长处有最大吸收峰,根据 A_{530}值可以算出样品中 $O_2^{\cdot -}$ 的产生速率。反应式如下:

$$NH_2 \cdot OH + 2O_2^{\cdot -} + H^+ \rightarrow NO_2^- + H_2O_2 + H_2O$$

【材料与用品】

新鲜和衰老的植物组织或器官。

烧杯、试管、容量瓶、离心管、研钵、冰块、玻璃棒、分光光度计、比色皿、高速冷冻离心机、恒温水浴锅、分析天平、振荡仪、微量移液器。

提取介质:预冷的 50 mmol/L PBS 缓冲液(pH 7.8)。

0.1 mmol/L $NaNO_2$ 母液(称取 0.069 g $NaNO_2$,用蒸馏水溶解并定容至 1 000 mL)、10 mmol/L 盐酸羟胺(用 pH 7.8 PBS 缓冲液配制)、17 mmol/L 对氨基苯磺酸(用 30%乙酸先微加热溶解再定容)、7 mmol/L α-萘胺(用 95%乙醇溶解后,用水定容)。

【实验步骤】

1. 绘制标准曲线

取 8 支 10 mL 离心管,编号 1~8,按表 61-1 加样。

表 61-1 NO_2^- 浓度测定标准曲线制作加样表

成　分	编号							
	1	2	3	4	5	6	7	8
$NaNO_2$ 母液/mL	0	0.1	0.2	0.4	0.6	0.8	1.0	1.2
PBS(pH 7.8)/mL	2	1.9	1.8	1.6	1.4	1.2	1.0	0.8

续　表

成　分	编号							
	1	2	3	4	5	6	7	8
17 mmol/L 对氨基苯磺酸/mL	1	1	1	1	1	1	1	1
7 mmol/L α-萘胺/mL	1	1	1	1	1	1	1	1
NO_2^- 含量/μmol/L	0	0.01	0.02	0.04	0.06	0.08	0.1	0.12

混匀，10 min 后，以 1 号管作对照，测定 530 nm 处的吸光度，根据 NO_2^- 含量和吸光度值绘制标准曲线。

2. 样品的测定

称取植物材料 0.3 g，加预冷的 50 mmol/L PBS(pH 7.8)冰上研磨，加入 PBS 的总体积为 5 mL(注：材料用量可根据实际情况适当调整)。匀浆液转入 10 mL 离心管中，12 000 r/min 离心 20 min，冰上保存，上清液即为 $O_2^{\cdot -}$ 待测液。

反应体系为：1 mL 待测液＋0.8 mL 50 mmol/L PBS(pH 7.8)＋0.2 mL 10 mmol/L 盐酸羟胺，振荡混匀，25℃温浴 1 h，再分别向各管中加 1 mL 17 mmol/L 对氨基苯磺酸，1 mL 7 mmol/L α-萘胺，振荡混匀，25℃温浴 20 min，以标准曲线中的 1 号管作对照，测定 530 nm 处的吸光度值(如有浑浊，可先 8 000 r/min 离心 10 min)。

3. 结果计算

从标准曲线上查出 1 mL 待测液中 NO_2^- 的含量 n(单位为 μmol)，$O_2^{\cdot -}$ 的产生量为 NO_2^- 含量的 2 倍，然后计算材料中 $O_2^{\cdot -}$ 的产生速率[单位为 μmol/(min·g)]计算公式为：

$$O_2^{\cdot -}\text{ 的产生速率}=\frac{O_2^{\cdot -}\text{ 产生量}\times 4\times Vt}{NH_2\cdot OH\text{ 温浴时间}\times Vs\times FW}$$

式中，$O_2^{\cdot -}$ 产生量为1 mL 待测液中 NO_2^- 的含量 $n\times 2$(μmol)；Vt 为上清液总体积(mL)；4 为反应体系毫升数；Vs 为测定时所用上清液体积(1 mL)；FW 为材料鲜重(g)。

【注意事项】

如果样品中含有大量叶绿素会干扰测定，可在样品与羟胺温浴后，加入等体积的乙醚萃取叶绿素，然后再加入对氨基苯磺酸和 α-萘胺作 NO_2^- 的显色反应。

61-2　NBT 染色法

【实验原理】

$O_2^{\cdot -}$ 是活性氧的一种，其能将 NBT(氮蓝四唑)还原成不溶于水的蓝色甲臜化合物,从而定位组织中的 $O_2^{\cdot -}$ 。NBT 法用于植物活组织中的超氧阴离子染色,一般应用于较嫩的根尖、叶片等的整体染色,染色后有超氧阴离子聚集的部位呈蓝色至深蓝色。

【材料与用品】

新鲜的植物材料。

烧杯、量筒、试管、水浴锅、相机。

NBT 干粉、pH 7.6 的 10 mmol/L 磷酸缓冲液、浓盐酸、NaOH、80%乙醇。

【实验步骤】

1. 染色液的配制

称取 0.05 g NBT,溶于 pH 7.6 的 10 mmol/L 磷酸缓冲液中,最终 NBT 浓度为 0.5 mg/mL,现配现用。

2. 染色

剪取同一叶位的植物叶片,放入装有 NBT 染色液(1 mg/mL)的管中,28℃避光保存 3 h 或者直至叶片出现蓝色斑点为止。

3. 脱色

倒掉管中的染液,加入 80%乙醇,水浴沸水处理 10 min 以上,至叶片脱色。

4. 观察

当叶片背景色为白色,拍照观察。

【注意事项】

1. 超氧阴离子容易分解,因此植物样本需要新鲜采集,并尽快完成染色。

2. 任何外在刺激因素都可能刺激植物应激产生超氧阴离子,应尽量完整取材避免人为损伤造成假阳性。

3. 在组织样本染色完成后需尽快拍照保存结果。

【思考题】

试比较逆境条件下植物 DAB 染色和 NBT 染色的颜色变化,并说明它们与植物抗逆性的关系。

实验 62　H_2DCFDA 染色法测定植物活性氧部位

【实验原理】

2,7-二氯二氢荧光素二乙酸酯(2, 7-dichlorodihydrofluorescein diacetate, H_2DCFDA)可渗透细胞,用作检测植物细胞内活性氧(reactive oxygen species, ROS)的探针。H_2DCFDA 没有荧光,能够迅速扩散到细胞内。细胞内的酯酶将其水解

为 2,7 -二氯二氢荧光素(2,7-dichlorodihydrofluorescein, DCFH),DCFH 不能透过细胞膜,从而使探针被装载到细胞内。在活性氧存在的条件下,DCFH 被氧化生成 2,7 -二氯荧光素(2,7-dichlorofluorescein, DCF),绿色荧光强度与细胞内活性氧水平成正比,检测 DCF 的荧光就可以反映细胞内活性氧的水平。

本实验在激发波长 488 nm、发射波长 525 nm 附近,使用荧光显微镜、激光共聚焦显微镜、荧光分光光度计、荧光酶标仪、流式细胞仪等检测 DCF 荧光,从而测定细胞内活性氧的部位与水平。

【材料与用品】

新鲜的植物材料(如根尖)。

烧杯、量筒、试管、共聚焦显微镜。

H_2DCFDA 试剂、二甲基亚砜(DMSO)、MES - KCl 缓冲液(MES 10 mmol/mL、KCl 5 mmol/mL、$CaCl_2$ 50 mmol/mL, pH 6.15)、蒸馏水。

【实验步骤】

1. 将 H_2DCFDA 溶解在 DMSO 中得到 10 mmol/mL 的储备液,使用前进一步稀释。

2. 装载探针,即将植物待测部位(如根尖)在 MES - KCl 缓冲液中浸泡 30 min。

3. 植物待测部位用 50 μmol/mL H_2DCFDA 染色 1～2 h,洗涤至少 3 次后观察荧光。

4. 可以用荧光分光光度计、荧光酶标仪或流式细胞仪检测,也可以用激光共聚焦显微镜直接观察。

【注意事项】

1. 探针装载后,一定要洗净残余的未进入细胞内的探针,否则会导致背景较高。

2. 探针装载完毕并洗净残余探针后,可以进行激发波长的扫描和发射波长的扫描,以确认探针的装载情况是否良好。

3. 尽量缩短探针装载后到测定所用的时间(刺激时间除外),以减少各种可能的误差。

4. 请穿实验服并戴一次性手套操作。

【思考题】

试比较逆境条件下植物活性氧染色的颜色变化。

第二十章　逆境条件下植物幼苗的某些生理生化变化

在逆境条件(干旱、盐碱、热、冷、冻等)下,不同的植物有不同的反应。有的植物对逆境具有适应能力或抗性,有的植物对逆境较为敏感。当胁迫超出了植物正常生长、发育所能承受的范围,将导致植物体内产生一系列的生理生化变化,甚至使植物受到伤害死亡。植物对逆境的抗性与植物种类、发育阶段和逆境强弱有关。本章实验研究逆境条件下植物的质膜透性、膜脂过氧化和渗透调节物质(脯氨酸)以及活性氧清除相关酶类的变化,以探讨逆境对植物的伤害以及植物对逆境(干旱或盐胁迫)的适应机制。

实验 63　实验材料培养及胁迫处理

【实验原理】

研究逆境对植物的生理生化影响需先培养植物材料,在其长至一定程度再用逆境进行处理。培养植物幼苗常用的方法是砂培法或水培法,除对照外,本章实验中用 NaCl 对植物进行了盐处理,同时还用等渗 PEG 进行了模拟干旱处理,这样可以比较 NaCl 胁迫中的离子胁迫和渗透胁迫。

【材料与用品】

小麦或其他植物种子。

霍格兰(Hoagland)培养液、NaCl 溶液、PEG 溶液。

【实验步骤】

1. 将小麦或其他植物种子浸泡后播种于盛有洗净河沙的培养缸中。每天浇 1/2 霍格兰(Hoagland)培养液。当幼苗长至三叶期时进行胁迫处理,仍以 1/2 霍格兰培养液浇灌的作对照。

2. 胁迫处理

(1) 盐胁迫:配制不同浓度的 NaCl(0 mmol/L、50 mmol/L、100 mmol/L、200 mmol/L)溶液(用 1/2 霍格兰培养液配制),每天定时定量处理植物。

(2) 模拟干旱(等渗 PEG):用 PEG6000 配成 0 mol/L、0.190 mol/L、0.025 0 mol/L、0.032 3 mol/L 溶液(用 1/2 霍格兰培养液配制),每天定时定量浇灌。

当植物幼苗处理一定时间后，分别测定植物的质膜透性、丙二醛含量、脯氨酸含量及超氧化物歧化酶活性等指标，以比较不同胁迫下或不同抗性品种间植物的生理生化变化。

实验 64　植物细胞质膜透性的测定(电导率法)

【实验原理】

植物细胞膜对维持细胞的微环境和正常的代谢起着重要的作用。在正常情况下，细胞膜对物质具有选择透性，植物细胞与外界环境之间发生的一切物质交换都必须经过质膜。当植物受到逆境胁迫时，细胞膜遭到破坏，膜透性增大，从而使细胞内的电解质外渗，以致植物细胞浸提液的电导率增大。膜透性增大的程度与逆境胁迫强度有关，也与植物抗逆性的强弱有关。因此，质膜透性的测定常作为植物抗性研究的一个生理指标，用测定组织外渗液电导率变化表示质膜透性的变化和质膜受伤害的程度。

【材料与用品】

经不同处理(同实验 63)的植物叶片。

电导率仪、天平、打孔器、小烧杯、真空干燥器、抽气机、恒温水浴锅、注射器。

【实验步骤】

1. 选取不同处理的植物叶片，包在湿纱布内，置于带盖的搪瓷盆中。用自来水轻轻冲洗叶片，除去表面沾污物，再用去离子水冲洗 1～2 次，用干净纱布轻轻吸干叶片表面水分，然后保存在湿纱布中，以防叶片失水。狭长叶片可用刀片切成 1 cm 长段，宽大叶片应避开大叶脉，用打孔器打取圆片。将上述材料充分混匀后备用。

2. 称取样品 1 g(或 10 个圆片)放入小烧杯，用玻璃棒轻轻压住材料，准确加入 20 mL 重蒸去离子水，浸没样品。

3. 放入真空干燥器，用抽气机抽气 7～8 min 以抽出细胞间隙中的空气。重新缓缓放入空气，水即被压入组织中而使叶下沉。

4. 将抽过气的小烧杯取出，放在实验桌上静置 20 min，然后用玻璃棒轻轻搅动叶片，在 20～25℃恒温下，用电导率仪测定溶液电导率(原电导率)。

5. 测过处理电导率之后，再放入 100℃沸水浴中 15 min，以杀死植物组织，使电解质全部外渗，取出冷却10 min，在 20～25℃恒温下测其总电导率。

6. 根据以下公式计算电解质相对电导率：

$$相对电导率(\%)=(原电导率/总电导率)\times 100\%$$

【注意事项】

1. 整个过程中,接触叶片的用具必须绝对洁净(全部器皿要洗净),也不要用手直接接触叶片,以免污染。

2. 各处理和对照的待测液的体积要一致。

3. 测定后电极要清洗干净。

实验 65　脯氨酸含量的测定

【实验原理】

脯氨酸(proline,Pro)是植物体内主要渗透调节物质之一。在逆境条件下植物体内脯氨酸的含量显著增加。植物体内脯氨酸含量在一定程度上反映了植物的抗逆性大小。当用磺基水杨酸提取植物样品时,脯氨酸便游离于磺基水杨酸的溶液中。在酸性条件下,茚三酮和脯氨酸反应生成稳定的红色化合物,该产物在520 nm波长下具有最大吸收峰。酸性氨基酸和中性氨基酸不能与酸性茚三酮反应;碱性氨基酸由于其含量甚微,特别是在受渗透胁迫处理的植物体内,脯氨酸大量积累,碱性氨基酸的影响可忽略不计,因此此法可以避免其他氨基酸的干扰。

【材料与用品】

经不同处理(同实验 63)的植物材料。

分光光度计、离心机、研钵、小烧杯、容量瓶、大试管、普通试管、移液管、注射器、水浴锅、漏斗、漏斗架、滤纸、剪刀。

酸性茚三酮溶液:将 1.25 g 茚三酮溶于 30 mL 冰醋酸和 20 mL 6 mol/L 磷酸混合溶液中,搅拌加热(70℃)溶解,贮于冰箱中(配制的酸性茚三酮溶液仅在 24 h 内稳定,因此最好现用现配。茚三酮的用量与脯氨酸的含量相关。一般当脯氨酸含量在 10 μg/mL 以下时,显色液中茚三酮的浓度要达到 10 mg/mL,才能保证脯氨酸充分显色)。

3%磺基水杨酸(称取 3 g 磺基水杨酸,加蒸馏水溶解后定容至 100 mL)、冰醋酸、甲苯、10 μg/mL 脯氨酸标准液(称取 25 mg 脯氨酸,加水溶解定容到 250 mL,从中取 10 mL,加水稀释到 100 mL)。

【实验步骤】

1. 绘制标准曲线

在 1～10 μg/mL 脯氨酸浓度范围内制作标准曲线。取标准溶液各 2 mL,加入 2 mL 3%磺基水杨酸、2 mL 冰乙酸和 4 mL 2.5%茚三酮溶液,置沸水浴中显色 60 min。冷却后,加入 4 mL 甲苯萃取红色物质。静置后,取甲苯相测定 520 mL 波

长处的吸收值(以甲苯为空白对照),依据脯氨酸量和相应光吸收值绘制标准曲线。

2. 样品的测定

(1) 脯氨酸的提取:称取不同处理(对照与胁迫)植物材料 0.5 g,用 3%磺基水杨酸溶液研磨提取,磺基水杨酸的最终体积为 5 mL。匀浆液转入玻璃离心管中,在沸水浴中浸提 10 min。冷却后,以3 000 r/min离心 10 min。取上清液待测。

(2) 样品测定:取 2 mL 上清液,加入 2 mL 水,再加入冰乙酸等显示试剂,同标准曲线程序进行显色、萃取和比色。

3. 结果计算

从标准曲线上查出 2 mL 测定液中脯氨酸的浓度 x(单位为 μg/mL),然后计算样品中脯氨酸含量的百分数。计算公式如下:

$$单位鲜重样品的脯氨酸含量=[(x\times5/2)/样重\times10^6]\times100\%$$

实验 66 SOD 活性的测定

超氧化物歧化酶(superoxide dismustase, SOD)是需氧生物细胞中普遍存在的一种含金属的酶,SOD 与过氧化氢酶、过氧化物酶等酶类以及 β-胡萝卜素等抗氧化剂共同作用以防御活性氧对细胞膜系统的伤害,从而减轻逆境对植物细胞的伤害及防止细胞的衰老。需氧生物细胞在将 O_2 还原成水或照光的过程中会产生带有孤对电子的超氧自由基 $O_2^{\cdot -}$,它不仅本身具有毒害作用,而且还可能诱导如·OH、H_2O_2 和单线态氧等自由基的生成,加剧了对细胞的毒害作用。而 SOD 的功能就是催化超氧自由基的歧化反应,生成过氧化氢和氧,过氧化氢又被过氧化氢酶和过氧化物酶转化成无害的分子氧和水,因此 SOD 的活性可被用作植物抗逆性强弱的指标。

【实验原理】

本实验依据 SOD 抑制氯化硝基四氮唑蓝(NBT)在光下的还原作用来确定酶活性大小。在有可被氧化物质存在的条件下,核黄素可被光还原,被还原的核黄素在有氧条件下极易再氧化而产生 $O_2^{\cdot -}$,可将 NBT 还原为蓝色的甲瓒,后者在 560 nm 处有最大吸收。由于 SOD 可清除 $O_2^{\cdot -}$,因此抑制了甲臜的形成。于是光还原反应后,反应液蓝色愈深,说明酶活性愈低,反之酶活性愈高。据此可以计算出酶活性大小,一个酶活单位定义为将 NBT 的还原抑制到对照一半(50%)时所需的酶量。

【材料与用品】

经不同处理(同实验 63)的植物材料。

高速冷冻离心机、分光光度计、移液管、荧光灯(照度为 4 000 lx,用 2 只 40 W 荧光灯即可)、试管、黑纸。

提取介质:0.05 mol/L 磷酸缓冲液(pH 7.8),内含 1%聚乙烯吡咯烷酮。

反应介质:50 mmol/L 磷酸缓冲液(pH 7.8),内含 77.12 μmol/LNBT(MW:817.7)、0.1 mmol/L EDTA、13.37 mmol/L 甲硫氨酸。

80.2 μmol/L 核黄素溶液[用含有 0.1 mmol/L EDTA 的 50 mol/L(pH 7.8)的磷酸缓冲液配制,配后避光保存]。

【实验步骤】

1. 酶液提取

取 0.5 g 不同处理的植物材料于预冷的研钵中,加入少量预冷的提取介质在冰浴上研磨成匀浆,加入提取介质使终体积为 5 mL。2~4℃、15 000*g* 离心 10 min,上清液即为酶提液。注意冷冻保存用于蛋白测定。

2. 显色反应

取 5 只玻璃试管(要求透明度好),编号,其中 1~2 号为对照植物,3~5 号为胁迫处理的植物。按表 66-1 加入各溶液。

表 66-1　反应系统中各试剂及酶液的加入量

成　分	试管编号				
	对　照		胁迫处理(干旱或盐渍)		
	1	2	3	4	5
反应介质/mL	3.9	3.9	3.9	3.9	3.9
酶提液/mL	0.01	0.01	0.01	0.01	0
提取介质/mL	0	0	0	0	0.01
核黄素/mL	0.1	0.1	0.1	0.1	0.1

3. 测定吸光度

将 1 号、3 号试管迅速用黑纸包起来,分别作为对照和胁迫处理的空白,将 2 号、4 号、5 号试管放在 4 000 lx 荧光灯下,照光 10 min,到时间后关灯,用黑布包上试管,分别以 1、3 号管溶液为空白,测定 2 号、4 号、5 号样在 560 nm 处的吸光度,不加酶的 5 号试管溶液颜色最深;加入酶的则因抑制了 NBT 的光还原,颜色变浅,测定尽量在暗处进行。

4. 结果计算

以抑制 NBT 光化还原的 50%为一个酶活性单位表示 SOD 的活性,按下式计算 SOD 活性:

$$酶活力=(\Delta A\times V\times 60)/(A_0\times W\times T\times 0.01)\times 50\%$$

式中，酶活力单位为每克植物材料鲜重每小时的酶活单位数；A_0为5号试管溶液在560 nm处的吸光度值；ΔA为5号试管溶液在560 nm处的吸光度值与加入酶液的反应管(2号或4号)在560 nm处的吸光度值的差；V为酶液总体积；W为提取酶液的植物材料的鲜重；T为照光时间(此处为10 min)；0.01为加入酶提液的体积(mL)；60为60 min(要计算1 h的酶活力)。

如果测定了酶提液的蛋白质含量(mg/g)，也可以用SOD比活力(每毫克蛋白质所含的酶单位)表示SOD活性：

$$\text{SOD比活力}=\text{SOD酶活力}/\text{提取液蛋白质浓度}$$

【注意事项】

1. 实验所用核黄素应尽量新鲜，长期放置的核黄素可能使反应减弱，需延长照光时间。

2. 酶液的提取应在低温下进行，以保护酶活性。

3. 也可用SOD标准品按标准曲线法测定样品中的酶活性。

【思考题】

试比较正常生长条件下和逆境条件下植物组织质膜透性、丙二醛含量、脯氨酸水平以及SOD活性的差异，并说明它们与植物抗逆性的关系。

实验67　过氧化氢酶活性测定

过氧化氢酶(catalase，CAT)是植物体内非常重要的氧化还原酶，能将H_2O_2分解为H_2O和O_2，从而清除H_2O_2而降低氧化损伤。它普遍存在于植物的所有组织中，在细胞中主要分布于过氧化物酶体中，是过氧化物酶体的标记酶。其活性与植物的抗逆性相关，一般抗逆性较强的植物或品种具有较强的过氧化氢酶活性。

【实验原理】

可根据H_2O_2的消耗量或O_2的生成量测定过氧化氢酶的活力大小。在反应系统中加入一定量(反应过量)的过氧化氢溶液，经酶促反应后，再用已知浓度的标准高锰酸钾溶液滴定多余的H_2O_2，即可求出消耗的H_2O_2的量。

$$5H_2O_2+2KMnO_4+4H_2SO_4\longrightarrow 5O_2+2KHSO_4+8H_2O+2MnSO_4$$

【材料与用品】

不同处理(同实验63)的植物叶片。

研钵、50 mL 三角瓶、酸式滴定管、恒温水浴、25 mL 容量瓶。

10% H_2SO_4、0.2 mol/L 磷酸缓冲液(pH 7.8)、0.1 mol/L 高锰酸钾标准液(称取3.160 5 g $KMnO_4$,用新煮沸冷却蒸馏水配制成1 000 mL,用0.1 mol/L 草酸溶液标定)、0.1 mol/L H_2O_2[市售30% H_2O_2 大约等于17.6 mol/L;取30% H_2O_2 溶液5.68 mL,稀释至1 000 mL,用标准0.1 mol/$KMnO_4$ 溶液(在酸性条件下)进行标定]、0.1 mol/L 草酸(称取优级纯 $H_2C_2O_4 \cdot 2H_2O$ 12.607 g,用蒸馏水溶解后,定容至1 000 mL)。

【实验步骤】

1. 酶液提取

取不同处理的植物叶片2.5 g,加入少量磷酸缓冲溶液(pH 7.8),研磨成匀浆,转移至25 mL 容量瓶中,再用缓冲液冲洗研钵,将冲洗液也转至容量瓶中,并用同一缓冲液定容,以4 000 r/min 的转速离心15 min,上清液即为过氧化氢酶的粗提液。

2. 酶活性测定

取50 mL 三角瓶4个(两个用于测定、另两个为对照)。向用于测定的两个三角瓶中加入酶液2.5 mL,向对照用的两个三角瓶中加煮死酶液2.5 mL、再加入2.5 mL 0.1 mol/L H_2O_2,同时计时,于30℃恒温水浴中保温10 min,然后立即加入10%H_2SO_4 2.5 mL。用0.1 mol/L $KMnO_4$ 标准溶液滴定,至出现粉红色(在30 s内不消失)为终点。

3. 结果计算

过氧化氢酶活性[单位为mg/(g·min)]用每克鲜重样品1 min内分解 H_2O_2 的mg数表示,公式如下:

$$过氧化氢酶活性=\frac{V\mathrm{t}\times(A-B)}{1.7W\times V\mathrm{s}\times t}$$

式中,A 为对照 $KMnO_4$ 滴定 mL 数,B 为酶反应后 $KMnO_4$ 滴定 mL 数;V_t 为提取酶液总体积(mL),V_s 为反应时所用酶液量(mL),FW 样品鲜重(g),t 为反应时间(min),1.7为1 mL 0.1 mol/L $KMnO_4$ 相当于1.7 mg H_2O_2。

【注意事项】

所用 $KMnO_4$ 溶液及 H_2O_2 溶液临用前要经过重新标定。

【思考题】

1. 影响过氧化氢酶活性测定的因素有哪些?
2. 过氧化氢酶与哪些生化过程有关?

实验 68 还原型谷胱甘肽含量的测定

盐胁迫等逆境会导致植物体内产生大量的活性氧。活性氧可引起蛋白质、膜脂和其他细胞组分的损伤，进而导致细胞及组织死亡。还原型谷胱甘肽（GSH）能清除过量的H_2O_2、·OH 等活性氧，是植物衰老过程中产生的过氧化物的最有效的清除剂之一。

【实验原理】

GSH 和 DTNB[5,5′-二硫代双(2-硝基苯甲酸)]反应生成 2-硝基-5-硫代苯甲酸以及 GSSG（氧化型谷胱甘肽）。由于 2-硝基-5-硫代苯甲酸为黄色产物，在 412 nm 处有最大吸收峰，通过测量其在 412 nm 处的吸光度值能确定样品中 GSH 的浓度。

【材料与用品】

经不同处理（同实验 63）的植物材料。

烧杯、分析天平、容量瓶、研钵、离心机、离心管、试管、分光光度计、比色皿、移液器、冰块。

提取介质：5%(*W*/*V*)TCA（三氯乙酸），内含 1 mmol/L EDTA-Na_2。

PBS（pH 7.8）、无水乙醇、4 mmol/L DTNB（用 pH 7.0 PBS 溶解并定容，现用现配，4℃避光保存）。

【实验步骤】

1. 绘制标准曲线

取 0.003 1 g GSH，加少量无水乙醇溶解，用蒸馏水溶解并定容至 100 mL，配成0.1 mmol/L的 GSH 母液。取 6 支 10 mL 试管，编号 1～6，按表 68-1 加样。

表 68-1 GSH 浓度测定标准曲线制作加样表

成分	编号					
	1	2	3	4	5	6
GSH 标液/mL	0	0.2	0.4	0.6	0.8	1.0
蒸馏水/mL	1.0	0.8	0.6	0.4	0.2	0
PBS(pH 7.8)/mL	1	1	1	1	1	1
4 mmol/L DTNB/mL	0.5	0.5	0.5	0.5	0.5	0.5
GSH 含量/μmol/L	0	0.02	0.04	0.06	0.08	0.1

混匀后，常温显色 10 min，以蒸馏水调零，测定各管在 412 nm 处的吸光度值，分别以 2～6 号管与 1 号管的吸光度值求差值，根据 GSH 含量和所求的差值绘制

标准曲线。

2. 样品的测定

取对照和胁迫处理的植物材料各 0.3 g,用提取介质研磨提取,加入提取介质的总体积为 5 mL(材料用量可根据实际情况适当调整)。匀浆液转入 10 mL 离心管中,4℃,12 000 r/min 离心 15 min,置于冰上,上清液即为 GSH 待测液。

各室放置体系:1 室为蒸馏水调零;2 室为标准曲线中 1 号管作对照;3 室为 1 mL 待测液1 mL PBS++0.5 mL 4 mmol/L DTNB。混匀后,测定各管 412 nm 处的吸光度值。

3. 结果计算

$$单位鲜重样品的GSH含量/(\mu mol/g)=\frac{n\times V_t}{V_s\times FW}$$

式中,n 为 1 mL 待测液中 GSH 的含量(μmol);V_t 为上清液总体积(mL);V_s 为测定时所用上清液体积(1 mL);FW 为材料鲜重(g)。

注:n 为 3 室与 2 室的差值对应的标准曲线上的 GSH 的物质的量。

【思考题】

植物中 GSH 的产生以及其清除活性氧的机制。

实验 69 谷胱甘肽还原酶活性的测定

盐胁迫等逆境可诱发细胞内活性氧浓度的增加而导致氧化胁迫。谷胱甘肽还原酶是植物体内一种重要的抗氧化酶类,其主要的生理功能是将氧化型谷胱甘肽还原成还原型谷胱甘肽,从而为活性氧的清除提供还原力,保护植物免受伤害。

【实验原理】

谷胱甘肽还原酶(glutathione reductase, GR)可以通过参与抗坏血酸——谷胱甘肽循环而在细胞活性氧的清除中起重要作用,是抗氧化酶系统中重要的一员。GR 的测定是基于 NADPH 氧化后在 340 nm 处的吸光度的减少来衡量酶活性大小。

【材料与用品】

经不同处理(同实验 63)的植物材料。

分光光度计、比色皿、研钵、分析天平、容量瓶、烧杯、玻璃棒、三角瓶、离心管、离心机、计时器、小试管、微量移液器。

提取介质：50 mmol/L PBS 磷酸缓冲液（pH 7.8）含 1 mmol/L EDTA－Na_2（乙二胺四乙酸二钠），提前配好并于 4℃保存，实验前加入 2 mmol/L AsA（抗坏血酸）、1% PVP（聚乙烯吡咯烷酮）。

反应介质：50 mmol/L PBS（pH 7.0），含 1 mmol/L EDTA－Na_2，提前配好并于 4℃保存，实验前加入 5 mmol/L $MgCl_2$。

10 mmol/L GSSG（氧化型谷胱甘肽）、1 mmol/L NADPH，两者均需现用现配，并室温避光保存。

【实验步骤】

1. 酶液提取

取 0.3 g 植物材料（对照和胁迫处理）于预冷的研钵中，加入少量预冷的提取介质在冰浴上研磨成匀浆，加入提取介质的总体积为 5 mL（材料用量可根据实际情况适当调整）。匀浆液转入 10 mL 离心管中，4℃，12 000 r/min 离心 15 min，置于冰上，上清液即为酶提液。注意冷冻保存用于蛋白质含量测定。

2. 酶活性测定

3 mL 反应体系：0.15 mL 酶提液＋2.6 mL 反应介质＋0.2 mL NADPH＋0.05 mL GSSG。

对照体系：2.95 mL 反应介质＋0.05 mL GSSG。

反应体系与对照体系各自混匀后立刻记下 340 nm 处的起始（0 min）吸光度值，以后每隔 1 min 记录一次，连续测 5 min。室温下每 1 分钟氧化 1 μmol NADPH 的酶量作为一个酶活单位（U）。计算公式如下：

$$\text{GR 酶活性}/[\text{U}/(\text{min}\cdot\text{mg})]=\frac{\Delta A_{340}\times V_t\times V\times 1\,000}{V_s\times 6.22\times t\times \text{WP}\times \text{FW}}$$

式中，ΔA_{340} 为 0 min 与 5 min 吸光度值之差；V_t 为酶液总体积（mL）；V 为反应体系总体积（3 mL）；V_s 为测定时所用酶液体积（mL）；6.22 为 NADPH 摩尔消光系数；t 为反应时间（min）；WP 为蛋白含量（mg/g）；FW 为材料鲜重（g）。

【注意事项】

1. 酶液提取须在 4℃下进行，提取后立即进行测定，冰箱中放几小时活性也会下降。

2. 植物中的酚类物质对测定有干扰，制备粗酶液时可加入聚乙烯吡咯烷酮（PVP）或 PVPP 等，尽可能除去植物组织中的酚类等次生物质。

3. GSSG 用来启动反应，应最后加。测定时可根据实际情况调整体系中各组分的加入量，如果 ΔA_{340} 值（正常在 0.1～0.2）过小，则应加大酶提液的用量；如果吸光度值(正常在0.2～0.8)过大,则应减小NADPH的用量。但是反应体系体积应保持3 mL不变。

【思考题】

植物中谷胱甘肽还原酶参与哪些生理过程及其作用机制?

实验70　抗坏血酸过氧化物酶活性的测定

植物在遭受干旱、盐渍等逆境胁迫时会产生过氧化氢(H_2O_2)。H_2O_2是一种活性氧,若不及时清除,它会通过金属催化的Haber-Weiss反应生成高度活泼的羟基自由基·OH。·OH能氧化几乎所有的细胞组分,并引起细胞的损伤。因此,在所有的好氧生化过程中,及时清除H_2O_2对维持植物正常的生理功能非常重要。

【实验原理】

抗坏血酸过氧化物酶(ascorbate peroxidase, APX)是清除H_2O_2的酶,能催化抗坏血酸(ascorbic acid, AsA)与H_2O_2反应,使AsA氧化成单脱氢抗坏血酸(MDAsA)。MDAsA在290 nm处有最大吸收峰,随着AsA被氧化,溶液的A_{290}值下降,根据单位时间内A_{290}的减少值,可计算APX的活性。

【材料与用品】

经不同处理(同实验63)的植物材料。

分光光度计、比色皿、研钵、电子天平、容量瓶、烧杯、玻璃棒、三角瓶、离心管、离心机、计时器、小试管、微量移液器。

提取介质:50 mmol/L PBS磷酸缓冲液(pH 7.8),含1 mmol/L EDTA－Na_2(乙二胺四乙酸二钠),提前配好并于4℃保存,实验前加入2 mmol/L AsA、1% PVP(聚乙烯吡咯烷酮)。

反应介质:50 mmol/L PBS(pH 7.0),含1 mmol/L EDTA－Na_2,提前配好,实验前加入0.5 mmol/L AsA、0.1 mmol/L 30% H_2O_2。以配制150 mL反应介质为例,称取0.006 6 g AsA,用含1 mmol/L EDTA－Na_2的50 mmol/L PBS溶解定容至150 mL,后加100 μL 30% H_2O_2。

【实验步骤】

1. 酶液提取

取0.3 g植物材料(同实验63)于预冷的研钵中,加入少量预冷的提取介质在冰浴上研磨成匀浆,加入提取介质的总体积为5 mL(材料用量可根据实际情况适当调整)。匀浆液转入10 mL离心管中,4℃,12 000 r/min离心15 min,置于冰上,上清液即为酶提液。注意冷冻保存用于蛋白质含量测定。

2. 酶活性测定

反应体系：0.05 mL 酶提液＋2.95 mL 反应介质，总体积 3 mL。

对照体系：0.05 mL 酶提液＋2.95 mL 不含 AsA 的反应介质[即含有 1 mmol/L EDTA - Na_2 的 50 mmol/L PBS(pH 7.0)，用前现加 2 μL 30% H_2O_2]。

反应体系与对照体系各自混匀后立刻记下 290 nm 处的起始(0 min)吸光度值，以后每隔 1 min 记录一次，连续测 5 min。室温下每 1 分钟氧化 1 μmol AsA 的酶量作为一个酶活单位(U)。计算公式如下：

$$\text{APX 酶活性}/[\mathrm{U/(min\cdot mg)}]=\frac{\Delta A_{290}\times V_t}{V_s\times 0.1\times t\times \mathrm{WP}\times \mathrm{FW}}$$

式中，ΔA_{290} 为 0 min 与 5 min 吸光度值之差；V_t 为酶液总体积(mL)；V_s 为测定时所用酶液体积(mL)；t 为反应时间(min)；WP 为蛋白含量(mg/g)；FW 为材料鲜重(g)。

【注意事项】

1. 测定时可根据实际情况调整酶提液及 AsA 的用量，如果 ΔA_{290} 值(正常在 0.1～0.2)过小，则应加大酶提液的用量；如果吸光度值(正常在 0.2～0.8)过大，则应减小 AsA 的用量。但是，反应体系体积应保持 3 mL 不变。

2. 酶提液蛋白含量的测定方法，可查阅相关的文献。

【思考题】

1. APX 主要在植物哪个细胞器中发挥清除 H_2O_2 的作用？

2. 除了在植物遭受盐胁迫时，APX 还在哪些生理过程中发挥作用？

实验 71　质膜 H^+ - ATP 酶水解活性的测定

植物细胞质膜 H^+ - ATP 酶是质膜上的内在蛋白质，它利用水解 ATP 产生的能量，将胞质内的 H^+ 泵到质膜外，以建立跨质膜 H^+ 电化学势，该电化学势是植物细胞跨膜运输的原初动力，对植物细胞营养物质的吸收、细胞酸碱平衡、细胞生长、气孔运动和渗透调节等生理过程有重要的调节作用。因此该酶被视作植物生命活动的“主宰酶”，其活性受到蛋白激酶、脂类、自体抑制、光、膨压等多种因素的调节。在植物不同的发育阶段或逆境胁迫下，该酶的活性都会有所变化。

【实验原理】

H^+ - ATP 酶可催化 ATP 水解生成 ADP 及无机磷酸 Pi，同时放出大量能量，可以根据单位时间内，单位蛋白中 H^+ - ATP 酶水解 ATP 产生 Pi 量的多少来测定其水解活性。Pi 的量用钼蓝法测定，其原理为：在酸性条件下，Pi 可与钼酸铵作用生成磷钼酸铵,并被溶液中的还原剂如 SO_3^{2-} 还原成蓝色的磷钼蓝。磷钼蓝在 660 nm 处有最大吸收峰,由 660 nm 处吸光度的大小即可测定 Pi 的含量。

$$ATP + H_2O \xrightarrow{H^+ - ATP酶} ADP + H_3PO_4$$

$$2H_3PO_4 + 24(NH_4)_2MoO_4 + 21H_2SO_4 \longrightarrow 2(NH_4)_3PO_4 \cdot 12MoO_3 + 21(NH_4)_2SO_4 + 24H_2O$$

$$(NH_4)_3PO_4 \cdot 12MoO_3 \xrightarrow{SO_3^{2-}} (MoO_2 \cdot 4MoO_3)_2 \cdot H_3PO_4 \cdot 4H_2O$$

【材料与用品】

经不同处理(对照与胁迫)的植物材料。

分光光度计、pH 计、恒温水浴锅、研钵、纱布、移液器、超低温冰箱、高速冷冻离心机、超速冷冻离心机、离子交换柱、抽滤装置、离心管等。

研磨液:含 300 mmol/L 蔗糖、50 mmol/L HEPES - Tris(pH 7.0)、8 mmol/L EDTA、2 mmol/L PMSF(苯甲基磺酰氟)、1.5% PVPP(交联聚乙烯吡咯烷酮)、4 mmol/L DTT(二硫苏糖醇)、0.2% BSA(牛血清白蛋白)。后两者临用前加入。

悬浮液:含 300 mmol/L 蔗糖、5 mmol/L pH 7.0 磷酸钾缓冲液、5 mmol/L KCl、0.1 mmol/L EDTA、1 mmol/L DTT。DTT 用前加入。

两相液:含 6.2% dextran T - 500、6.2% PEG3350、300 mmol/L 蔗糖、5 mmol/L pH 7.0 磷酸钾缓冲液、5 mmol/L KCl、0.1 mmol/L EDTA、1 mmol/L DTT。

稀释液:含 300 mmol/L 蔗糖、5 mmol/L pH 7.0 Tris - HCl、1 mmol/L DTT。

反应液:含 200 μL 5 mmol/L HEPES - Tris(pH 6.5)、50 μL 20 mmol/L $MgSO_4$、50 μL 500 mmol/L KNO_3(抑制液泡膜 H^+ - ATP 酶活性)、50 μL 5 mmol/L NaN_3(抑制线粒体 H^+ - ATP 酶活性)、50 μL 1 mmol/L 钼酸铵。

20 mmol/L ATP-Tris 溶液:称取 1.102 2 g ATP 钠盐,用蒸馏水溶解后,经阳离子交换树脂处理,抽滤。滤液即为酸性 ATP,用 Tris 将滤液调至 pH 7.5,然后定容至 100 mL。

反应终止液:配制 5%钼酸铵、5 mol/L H_2SO_4,再以钼酸铵、H_2SO_4、H_2O 按比例 1∶1∶3 混合。

显色液:0.25 g 氨基苯磺酸溶于 100 mL 1.5% Na_2SO_3溶液中,pH 调至 5.5,然后加入 0.5 g Na_2SO_4 溶解,混匀。

标准磷溶液:准确称取 13.6 mg KH_2PO_4(经 105℃烘至恒重),定容至 1 000 mL,配制成 100 μmol/L KH_2PO_4 的标准液。再进一步稀释成 0、2、4、6、8、10 μmol/L KH_2PO_4 标准溶液。

标准蛋白溶液：用 BSA 配制 0 mg/L、0.2 mg/L、0.4 mg/L、0.6 mg/L、0.8 mg/L、1.0 mg/L 系列浓度。

Bradford 试剂：含 0.1g/L 考马斯亮蓝 G250、47 g/L 乙醇、85 g/L 磷酸。

【实验步骤】

1. 质膜微囊制备

取经不同处理的植物材料各 10 g，加入研磨液 20 mL，在冰浴上研磨。匀浆用 2 层纱布过滤，滤液经 10 000*g* 离心 20 min。上清液以 50 000*g* 离心 35 min 后弃去上清液，沉淀用 1 mL 悬浮液悬浮。把悬浮好的匀浆小心地铺到两相液上面。2 500*g* 离心 10 min，吸取上层溶液，并用稀释液稀释 5 倍，以 80 000*g* 离心 40 min，沉淀用稀释液悬浮，即为质膜微囊制剂。在超低温冰箱中保存。

2. 酶活性测定

0.5 mL 反应液，50 μL 质膜微囊制剂，加入 50 μL 20 mmol/L ATP－Tris 启动反应。把反应试管放到 37℃的温水浴中，反应 20 min 后，加入反应终止液 1 mL，然后再加显色液 0.2 mL，摇匀，室温放置 40 min 后于 660 nm 处比色，以反应前加入终止液的作空白对照。根据标准曲线算出样品中的无机磷含量。

3. 无机磷标准曲线制作及测定

分别取 50 μL 0 μmol/L、2 μmol/L、4 μmol/L、6 μmol/L、8 μmol/L、10 μmol/L KH_2PO_4 标准溶液，代替膜微囊制剂加入反应体系中，再加 1 mL 终止液、0.2 mL 显色液，室温放置 40 min 后于 660 nm 处比色，制作标准曲线。

4. 蛋白质标准曲线制作及测定

用 BSA 配制 0 mg/L、0.2 mg/L、0.4 mg/L、0.6 mg/L、0.8 mg/L、1.0 mg/L 系列浓度，分别取 50 μL，加 5 mL Bradford 试剂。2～6 min 内在 595 nm 处比色，求得标准曲线。取 50 μL 膜微囊制剂，加 5 mL Bradford 试剂，在 595 nm 处比色，根据标准曲线算出样品中蛋白质含量。

5. 酶活性计算

根据求得的无机磷含量、蛋白质含量及反应时间(20 min)计算酶活性，单位为 μmol/(mg · h)。

【注意事项】

1. 质膜提取应在 4℃下进行。

2. 活性测定时，质膜的纯度对结果影响较大。

【思考题】

1. 质膜 H^+－ATP 酶有何生理功能？是如何调节的？

2. 在测定质膜 H^+－ATP 酶活性时，为何加入 KNO_3？

第三部分

研究性实验

实验72　不同浓度的硝态氮对植物根系发育的影响

【实验原理】

氮是植物必需的矿质元素，对植物生长发育具有重要影响。硝态氮（NO_3^-－N）是植物生长所需的主要氮源之一。植物根系形态与植物的氮素吸收有着密切关系，土壤中的硝态氮浓度是可变的，外部 NO_3^- 浓度直接影响植物根部的形态，植物的根长、表面积、根尖数和根的直径都与植物吸收利用氮素直接相关。

【实验目的】

了解高浓度和低浓度硝态氮对植物根系发育的影响。

【材料与用品】

玉米、小麦等植物的幼苗。

水培盒、根系扫描仪等。

不同浓度 NO_3^-－N 的营养液。

【方法提示】

配制不同浓度 NO_3^-－N 的营养液培育植物幼苗，观察植物根系生长情况，并用根系扫描仪扫描根系，分析相关数据。

【思考题】

高浓度和低浓度 NO_3^-－N 处理条件下，根系生长状况不同，请分析出现这种差异的机制。

实验73　硝态氮（NO_3^-－N）和铵态氮（NH_4^+－N）对植物生长发育的影响

【实验原理】

植物根系对氮素的吸收主要以硝态氮和铵态氮这两种无机氮源为主。不同植物对这两种形态氮素吸收和利用效率不同，其对植物生长发育、光合作用等生理生化过程都有不同的效应。

【实验目的】

了解硝态氮和铵态氮对植物生长发育的影响。

【材料与用品】

水稻、小麦等植物的幼苗。

水培盒、光合仪等。

含硝态氮和铵态氮的植物营养液等。

【方法提示】

配制含硝态氮和铵态氮的植物营养液培育植物幼苗，观察植物生长情况，对生物量、光合作用等相关指标进行测定，分析相关数据。

【思考题】

比较硝态氮和铵态氮处理条件下，植物的生长状况，并分析为什么会出现这种差异。

实验 74　验证 NaCl 对盐生植物生长的促进作用

【实验原理】

NaCl 能抑制植物的生长。然而，一些盐生植物的生长却受到一定浓度 NaCl 的促进，在完全无盐的环境中生长甚至受到抑制，某些盐生植物甚至无法结实。

【实验目的】

了解 NaCl 在盐生植物生长中的促进作用。

【材料与用品】

盐地碱蓬或其他盐生植物的幼苗。

塑料花盆、洗净的河沙。

NaCl。

【方法提示】

参照实验 3 配制营养液，不加或加一定浓度的 NaCl。用配制的营养液浇灌盐地碱蓬幼苗，观察生长状况。也可以同时选择一种非盐生植物作为对照。

【思考题】

为什么一定浓度的 NaCl（如≤200 mmol/L）促进盐地碱蓬的生长，却抑制非盐生植物的生长？

实验 75　C_4 植物的筛选

【实验原理】

C_4 与 C_3 植物比较：C_3 植物的叶片维管束鞘无花环状结构，而 C_4 植物的维管束鞘大都有花环状结构，依此可对二者做初步的形态学鉴别；另外，C_3 植物的光合产物是在叶肉细胞中形成的,而 C_4 植物的光合产物是在维管束鞘细胞内形成的,因此可通过观察光合产物的形成部位来鉴别两种不同类型的植物。C_4 比 C_3 植物的 CO_2 补偿点低,可测其 CO_2 补偿点来鉴别两种不同类型的植物等。依上述指标可以筛选出 C_4 植物。

【实验目的】

判断一棵未知植物是 C_3 植物还是 C_4 植物。

【材料与用品】

C_4 植物(如玉米、甘蔗、高粱、中亚滨藜等)、一棵未知是 C_3 还是 C_4 的植物。

刀片、显微镜、载玻片、盖玻片、石蜡、切片机、玻璃钟罩等。

酒精、二甲苯、碘液。

【方法提示】

可用徒手切片法切片,观察叶片维管束鞘解剖结构并用碘液染色看着色情况,也可用石蜡切片看叶片维管束鞘解剖结构的区别。也可以将未知植物与玉米同种在一个玻璃钟罩中培养观察。

【思考题】

1. 注意实验出现的问题并找出解决办法。
2. 还有什么方法可以鉴别 C_3 与 C_4 植物?

实验 76　环境因素对植物光合速率的影响

【实验原理】

植物的光合作用,受到许多环境条件的影响,如光强度、温度、水分状况以及矿质营养等。光强度以及温度都是在实验室内较易控制的变量,通过精心设计,可以用多种方法验证它们对光合速率的影响。

【实验目的】

了解不同环境因素对光合速率的影响并明确其作用机制。

【材料与用品】

水草、植物叶片。

生物灯、遮光纱网、温度计、恒温水浴锅、小烧杯、打孔器、真空泵等。

【方法提示】

可根据光合作用产生 O_2 的原理,观察水草在不同光强度、不同温度下 O_2 的释放情况,测量释放 O_2 的量,也可以将陆生植物叶片用打孔器取下叶圆片后真空抽滤到含有 HCO_3^- 的小烧杯中,观察叶圆片在不同条件下的上浮速度。

【思考题】

比较不同因素对光合速率影响的大小。

实验 77　延长果实贮藏时间

【实验原理】

果实贮藏时，常因呼吸作用引起有机物的大量消耗而降低品质，所以要延长果实贮藏时间，就要适当降低呼吸速率。影响呼吸速率的主要因素有温度、气体成分和水分等。

【实验目的】

进一步理解影响呼吸作用的因素及延长果实贮藏时间的方法。

【材料与用品】

苹果、梨等。

【方法提示】

可从降低温度或者改变气体成分等方面进行设计。

【思考题】

1. 设计实验时为什么不从控制水分方面考虑？
2. 了解当地果实贮藏的各种方法。

实验 78　观察植物的向性运动

【实验原理】

向性运动是植物受单方向外界因素的刺激而引起的定向运动。它的运动方向随刺激的方向而定。在单侧光刺激下，植物表现出向光性运动。在地心引力（重力）的影响下，植物的根表现出正向重力性和茎负向重力性。

【实验目的】

1. 初步学会设计植物向性运动实验的方法。
2. 学会观察植物的向性运动。

【材料与用品】

以生长的幼苗（如玉米、蚕豆、小麦等）为好。

【方法提示】

根据目的要求和原理，选择合适的材料与用具，分别设计出向光性运动和向重力性运动实验的方法步骤，按照自己设计的方法步骤进行实验，同时注意观察实验中出现的各种现象。分析实验结果，得出合理的结论。

【思考题】

1. 同学间相互交流，比较设计方案，看哪一个设计方案更好一些？该方案的优点是什么？

2. 你所设计的实验还有哪些不足？如何进行改进？

实验 79 NaCl 对种子萌发的影响

【实验原理】

NaCl 对种子萌发的抑制作用既有离子毒害又有渗透胁迫效应。抗盐性较强的种子在较高 NaCl 溶液中能保持一定活力，当把 NaCl 溶液中没有萌发的种子转入清水后仍有相当数量的种子能够恢复萌发。

【实验目的】

了解 NaCl 抑制种子萌发的机制。

【材料与用品】

不同抗盐性的小麦或玉米种子，或者一种盐生植物种子与一种非盐生植物种子。

培养皿、滤纸、移液管、培养箱。

NaCl 等。

【方法提示】

配制不同浓度 NaCl 溶液处理种子，每天记录萌发的种子数。计算萌发率、发芽势等指标。将 NaCl 溶液中没有萌发的种子转入清水中，观察种子恢复萌发的情况。

【思考题】

1. 为什么抗盐性强的种子有较高的恢复萌发的能力？

2. 除了萌发率以及恢复率等种子萌发的指标，还有什么指标可以鉴定种子的抗盐性？

实验 80 盐分和干旱处理对盐生植物肉质化的影响

【实验原理】

盐渍条件下，一些盐生植物会发生肉质化，如盐地碱蓬、盐角草。植物发生肉

质化，不但可以稀释细胞内过高的盐浓度，使植物体内的盐浓度不会太高，从而减少盐离子的毒害作用，而且，还为细胞的正常生理活动储备足够的水分。在干旱条件下，很多植物也通过叶片和茎部等器官的肉质化来维持自己生存。但盐分和干旱对植物肉质化的影响机制有所不同。

【实验目的】

了解盐分和干旱处理对盐生植物肉质化程度的影响机制。

【材料与用品】

盐地碱蓬、盐角草等盐生植物的幼苗。

塑料花盆、洗净的河沙。

NaCl、甘露醇（或 PEG6000、自然干旱）、植物营养液等。

【方法提示】

配制 NaCl、甘露醇（或 PEG6000）溶液，用配制的营养液培育植物幼苗，NaCl 和甘露醇处理时，观察植物生长情况，对肉质化程度（水分含量、叶片厚度等）、生物量、离子含量以及相关生理指标进行测定，分析相关数据。

【思考题】

比较 NaCl 和甘露醇（或 PEG6000、自然干旱）处理条件时，植物的肉质化程度和生长状况差异，并分析原因。

实验 81 胡萝卜体细胞胚发生及植株再生体系的建构

【实验原理】

体细胞胚（胚状体）是植物组织培养中愈伤组织形态发生的最常见的方式之一。Reinert 和 Steward 最早于 1958 年分别从固体培养基上和悬浮培养细胞体系中获得胡萝卜体细胞胚。植物体细胞胚发生及其植株再生的过程是植物细胞表达全能性的最有力证明。现在，体细胞胚发生已被认为是植物界的普遍现象。

体细胞胚的再生途径具有发生数量多、速度快、结构完整、植株成苗率高和染色体倍性稳定的特点，是植物快速繁殖、人工种子研制和遗传转化的一个理想系统。

【实验目的】

学会设计利用植物体细胞胚发生途径获得完整植株的实验方法。

【材料与用品】

胡萝卜无菌苗的下胚轴、子叶，幼苗的叶柄、嫩叶，甚至市售的胡萝卜肉质根均可用作外植体。

电子天平、大烧杯、小烧杯、三角烧瓶(50 mL 或 100 mL)或其他培养容器、量筒、移液器、玻璃棒、记号笔、酸度计或精密 pH 试纸、石棉网、电炉、高压灭菌锅、超净工作台、培养皿、无菌滤纸、酒精灯、剪切和接种工具。

蔗糖、琼脂、1 mol/L NaOH、1 mol/L HCl、各种培养基母液、各种植物生长调节剂溶液。

【方法提示】

胡萝卜体细胞胚发生和植株再生的完整过程如下:

$$\text{外植体}\xrightarrow{\text{诱导}}\text{胚性愈伤组织}\xrightarrow{\text{分化}}\text{体细胞胚}\xrightarrow{\text{发育}}\text{完整植株}$$

胡萝卜进行离体培养时,具有很强的体细胞胚发生能力,但不同类型的外植体诱导体细胞胚的分化能力存在差异。可结合查阅有关文献,设计理想的培养基配方,通过试验筛选适宜的外植体类型,并确定合理、有效的培养方法。

【思考题】

如何解决植物体细胞胚发生与发育的不同步性问题?

实验 82 设计无病毒苗培养和产业化生产的具体方案

【实验原理】

植物病毒病给粮食作物、园艺作物、经济作物和林木生产造成不可估量的损失,但目前尚无任何化学药剂可根治病毒病。实践证明,通过茎尖分生组织培养脱病毒是防治病毒病的最有效途径。

茎尖分生组织培养之所以能除去病毒,是由于病毒在受感染植物体内呈不均匀分布,顶端分生组织区域一般是无病毒的或只携带浓度很低的病毒。进行茎尖培养时,切取茎尖越小,带病毒的可能性越小,但茎尖太小不易成活。

【实验目的】

试以甘薯或马铃薯为例,设计无病毒苗培养和产业化生产的具体方案。

【材料与用品】

已感染病毒的甘薯或马铃薯植株(或其营养繁殖器官如块根或块茎)。

与植物组织培养有关的药剂与用具、病毒检测试剂盒等。

【方法提示】

1. 无病毒植物获得和推广利用的生产流程:茎尖培养获得无病毒苗→组培快

繁无病毒苗→防虫温室或网室内生产原原种苗或种薯→隔离田内生产原种种苗或种薯→繁殖田内生产良种种苗或种薯→大田生产无病毒种苗或种薯。

2. 茎尖培养脱病毒的效果与茎尖的大小呈负相关，而培养茎尖的成活率则与茎尖的大小呈正相关。一般切取长 0.2～0.5 mm、带 1～2 个叶原基的茎尖作为培养材料。

3. 因为所取茎尖外植体较小，诱导其成苗时，往往需要在培养基中附加适合的生长调节物质（即需选择适宜的培养基）。

4. 经茎尖培养获得的完整试管植株，须经严格的病毒检测，确认无病毒后方可进行大规模快速繁殖，并建立各级无病毒种苗、种薯繁育体系，向生产环节推广。

【思考题】

目前有哪些植物能进行无病毒苗培养？

实验 83　植物生长调节物质在农业和林业生产中的应用情况调查

【实验原理】

植物的生长发育不仅依赖阳光、空气、水分、养分和温度，还受到植物生长调节物质的影响。这些生长调节物质主要有生长素、细胞分裂素、赤霉素、脱落酸和乙烯等。无论是植物天然产生的，还是人工合成的，对植物的生长、开花、结实有明显的作用。以应用植物生长调节物质为手段，通过改变植物内源激素系统，调节和控制植物生长发育，使其朝着人们预期的方向和程度发生变化的技术被称为化学调控技术。与传统农业和林业技术措施相比，化学调控技术具有技术简单、成本低廉、见效快、效益高、便于推广、环境友好和产品安全等优点，它将是 21 世纪农业和林业等发展的核心或主导技术之一。

【实验目的】

结合所学的植物生长调节物质的理论知识，通过实际调查活动，深入了解化学调控技术在现代农业和林业等产业生产中的应用现状和发展前景。

【方法提示】

1. 在化学调控技术中，根据生理功能的不同，可将植物生长调节物质分为：植物生长促进剂、植物生长抑制剂和植物生长延缓剂等 3 类。它们在生产应用中各自占有举足轻重的地位。

2. 调查时，可参照如下思路，合理设计内容，科学开展工作。

（1）营养生长：主要包括延长休眠、打破休眠、促进生长、控制生长、促进扦插生根、延缓叶片衰老、调节落叶及选择除草等。

(2) 开花：主要包括促进花芽形成、抑制花芽形成、延迟开花、延长花期、诱导雌花产生、诱导雄花产生、化学杀雄及切花保鲜等。

(3) 结实：主要包括保花保果、疏花疏果、花果脱落、促进果实成熟、延缓果实成熟、增加果实产量、改良果实品质及形成无籽果实等。

(4) 抗逆性：主要包括增强抗冷性、增强抗热性、增强抗旱性及增强抗病性等。

3. 注意调查植物生长调节物质的施用技术，分析总结其施用原理。

【思考题】

通过调查和走访，你认为植物生长调节物质在农林生产的哪些领域中仍需大力推广应用？是否有问题需要加以改进或避免？

实验 84　脱落酸对植物抗旱性的影响

【实验原理】

脱落酸(ABA)是一种胁迫激素，它在调节植物对逆境的适应中显得最为重要。外施适当浓度的 ABA 可以提高植物的抗旱和抗盐性，其原因可能是：ABA 可延缓 SOD、CAT 等酶的活性的下降，提高膜脂不饱和度，促进渗透调节物质的增加及促进气孔关闭等。

【实验目的】

设计 ABA 影响植物抗旱性的具体方案。

【方法提示】

从某些酶的活性和气孔关闭等方面进行考虑。

【思考题】

脱落酸为什么又被称为逆境激素或胁迫激素？它能提高植物抗逆性的原因有哪些？

附　　录

附录 1　常用有机溶剂及其主要性质

名 称	化学式	相对分子质量	Mp/℃	Bp/℃	溶解度	性质
甲醇	CH_3OH	32.04	−97.8	64.7	溶于水、乙醇、乙醚、苯等	有毒
乙醇	C_2H_5OH	46.07	−114.1	78.50	与水及许多有机溶剂混溶	易燃
丙醇	C_3H_7OH	60.09	−127.0	97.20	与水、乙醇、乙醚、氯仿等混溶，不溶于盐溶液	对眼有刺激作用
异丙醇	$(CH_3)_2CHOH$	60.09	−88.5	82.5	与水、乙醇、乙醚、氯仿等混溶，不溶于盐溶液	易燃
丁醇	$CH_3(CH_2)_3OH$	74.12	−90.0	117～118	与乙醇、乙醚等多种有机溶剂混溶	蒸汽有刺激性
戊醇	$CH_3(CH_2)_4OH$	88.15	−79.0	137.5	与乙醇、乙醚混溶	有刺激作用
乙醚	$C_2H_5OC_2H_5$	74.12	−116.3	34.6	微溶于水，易溶于浓盐酸，与苯、氯仿、石油醚及脂肪溶剂混溶	易挥发、易燃，有麻醉性
石油醚				35.8	不溶于水，能与多种有机溶剂混溶	有挥发性、极易燃
乙酸乙酯	$CH_3COOC_2H_5$	88.1	−83.0	77.0	微溶于水，与乙醇、氯仿、丙酮、乙醚混溶	易挥发、易燃烧
氯仿	$CHCl_3$	119.39	−63.5 固化	61～62	不溶于水，能与多种有机溶剂及油类混溶	易挥发
四氯化碳	CCl_4	153.84	−23 固化	76.7	微溶于水，能与乙醇、苯、氯仿、乙醚、二硫化碳、石油醚、油类等混溶	不燃烧，可用于灭火，有毒
苯	C_6H_6	78.11	5.5 固化	80.1	难溶于水，与乙醇、乙醚、氯仿等有机溶剂及油类等混溶	极易燃、有毒
甲苯	$CH_3C_6H_5$	92.13	−95 固化	110.6	不溶于水，能与多种有机溶剂混溶	易燃，高浓度有麻醉作用
二甲苯	$C_6H_4(CH_3)_2$	106.16		137～140	不溶于水，与无水乙醇、乙醚等多种有机溶剂混溶	易燃，高浓度有麻醉作用

续 表

名称	化学式	相对分子质量	Mp/℃	Bp/℃	溶解度	性质
苯酚	C_6H_5OH	94.11	40.85	182.0	能溶于水,易溶于乙醇、乙醚、氯仿、甘油等,不溶于石油醚	有毒、具腐蚀性
己烷	$CH_3(CH_2)_4CH_3$	86.17	−95～−100 固化	69.0	不溶于水,与乙醇、乙醚、氯仿等混溶	易挥发,易燃,高浓度有麻醉作用
环己烷	$CH_2(CH_2)_4CH_2$	84.16	6.47	80.7	不溶于水,能与乙醇、乙醚、丙酮、苯等混溶	易燃、能刺激皮肤,高浓度可作麻醉剂
吡啶	C_5H_5N	79.10	−42 固化	115～116	能与水、乙醇、乙醚、石油醚等混溶	易燃、有刺激作用
乙腈	C_2H_3N	41.05	−45	81.6	与水、甲醇、乙酸甲酯、乙酸乙酯、丙酮、乙醚等混溶	有毒、遇火燃烧

附录 2 常用的缓冲溶液

1. Na_2HPO_4-柠檬酸缓冲液

pH	0.2 mol/L Na_2HPO_4/mL	0.1 mol/L 柠檬酸/mL	pH	0.2 mol/L Na_2HPO_4/mL	0.1 mol/L 柠檬酸/mL
2.2	0.40	19.60	5.2	10.72	9.28
2.4	1.24	18.76	5.4	11.15	8.85
2.6	2.18	17.82	5.6	11.60	8.40
2.8	3.17	16.83	5.8	12.09	7.91
3.0	4.11	15.89	6.0	12.63	7.37
3.2	4.94	15.06	6.2	13.22	6.78
3.4	5.70	14.30	6.4	13.85	6.15
3.6	6.44	13.56	6.6	14.55	5.45
3.8	7.10	12.90	6.8	15.45	4.55
4.0	7.71	12.29	7.0	16.47	3.53
4.2	8.28	11.72	7.2	17.39	2.61
4.4	8.82	11.18	7.4	18.17	1.83
4.6	9.35	10.65	7.6	18.73	1.27
4.8	9.86	10.14	7.8	19.15	0.85
5.0	10.30	9.70	8.0	19.45	0.55

注:$Na_2HPO_4 \cdot 2H_2O$ 相对分子质量=178.05;0.2 mol/L 溶液含 35.61 g/L。
柠檬酸 $C_6H_8O_7 \cdot H_2O$ 相对分子质量=210.14;0.1 mol/L 溶液含 21.01 g/L。

2. 磷酸缓冲液(1/15 mol/L)

pH	1/15 mol/L Na_2HPO_4/mL	1/15 mol/L KH_2PO_4/mL	pH	1/15 mol/L Na_2HPO_4/mL	1/15 mol/L KH_2PO_4/mL
4.92	0.10	9.90	7.17	7.00	3.00
5.29	0.50	9.50	7.38	8.00	2.00
5.91	1.00	9.00	7.73	9.00	1.00
6.24	2.00	8.00	8.04	9.50	0.50
6.47	3.00	7.00	8.34	9.75	0.25
6.64	4.00	6.00	8.67	9.90	0.10
6.81	5.00	5.00	9.18	10.00	0.00
6.98	6.00	4.00			

注：$Na_2HPO_4 \cdot 2H_2O$ 相对分子质量=178.05，1/15 mol/L 溶液含 11.876 g/L。
　　KH_2PO_4 相对分子质量=136.09，1/15 mol/L 溶液含 9.073 g/L。

3. KH_2PO_4 - NaOH 缓冲液(0.05 mol/L)

X mL 0.2 mol/L KH_2PO_4 + Y mL 0.2 mol/L NaOH 加水稀释至 20 mL

pH(20℃)	X/mL	Y/mL	pH(20℃)	X/mL	Y/mL
5.8	5	0.372	7.0	5	2.963
6.0	5	0.570	7.2	5	3.500
6.2	5	0.860	7.4	5	3.950
6.4	5	1.260	7.6	5	4.280
6.6	5	1.780	7.8	5	4.520
6.8	5	2.365	8.0	5	4.680

4. Tris-盐酸缓冲液(0.05 mol/L)

X mL 0.2 mol/LTris(三羟甲基氨基甲烷) + Y mL 0.1 mol/L HCl 加水稀释至 100 mL

pH		0.2 mol/L Tris/mL	0.1 mol/L HCl/mL	pH		0.2 mol/L Tris/mL	0.1 mol/L HCl/mL
23℃	37℃			23℃	37℃		
9.10	8.95	25	5	8.05	7.90	25	27.5
8.92	8.78	25	7.5	7.96	7.82	25	30.0
8.74	8.60	25	10.0	7.87	7.73	25	32.5
8.62	8.48	25	12.5	7.77	7.63	25	35.0
8.50	8.37	25	15.0	7.66	7.52	25	37.5
8.40	8.27	25	17.5	7.54	7.40	25	40.0
8.32	8.18	25	20.0	7.36	7.22	25	42.5
8.23	8.10	25	22.5	7.20	7.05	25	45.0
8.14	8.00	25	25.0				

注：Tris 相对分子质量=121.14；0.2 mol/L 溶液含 24.23 g/L。

附录 3 植物组织和细胞培养常用基本培养基成分

单位：mg/L

成分	MS	ER	HE	SH	B_5	N_6	NT	BE	HU
大量元素									
NH_4NO_3	1 650	1 200					825		20
KNO_3	1 900	1 900		2 500	2 500	2 830	950	5 055.5	
$CaCl_2 \cdot 2H_2O$	440	440	75	200	150	166	220	441.1	
$Ca(NO_3)_2 \cdot 4H_2O$									35.7
$MgSO_4 \cdot 7H_2O$	370	370	250	400	250	185	1 233	493	50
KH_2PO_4	170	340				400	680	272.18	40
$(NH_4)_2SO_4$					134	463			
$NH_4H_2PO_4$				300					
$NaNO_3$			600						
$NaH_2PO_4 \cdot H_2O$			125	345	150				
KCl			750						
微量元素									
KI	0.83		0.01	1.0	0.75	0.8	0.83	0.83	
H_3BO_3	6.2	0.63	1.0	5.0	3.0	1.6	6.2	6.183	5.71
$MnSO_4 \cdot 4H_2O$	22.3	2.23	0.1	10.0	10.0	4.4	22.3	22.3	2.03
$ZnSO_4 \cdot 7H_2O$	8.6		1.0	1.0	2.0	1.5	8.6	8.627	6.585
Zn(螯合的)		15							
$Na_2MoO_4 \cdot 2H_2O$	0.25	0.025		0.1	0.25		0.25	0.242	2.52
$CuSO_4 \cdot 5H_2O$	0.025	0.002 5	0.03	0.2	0.04		0.025	0.025	0.394
$CoCl_2 \cdot 6H_2O$	0.025	0.002 5		0.1	0.025		0.025	0.024	0.162
$AlCl_3$			0.03						
$NiCl_2 \cdot 6H_2O$			0.03						
$FeCl_3 \cdot 6H_2O$			1.0						
Na_2-EDTA	37.3	37.3		20	37.3	37.3	37.3	11.167	56.7
$FeSO_4 \cdot 7H_2O$	27.8	27.8		15	27.8	27.8	27.8	8.341	2.49

续　表

成　分	MS	ER	HE	SH	B_5	N_6	NT	BE	HU
附加成分									
肌醇	100		100	1 000	100		100	180.16	
甘露醇							0.7*		
烟酸	0.5	0.5		5.0	1.0	0.5		0.492	
盐酸吡哆醇	0.5	0.5		0.5	1.0	0.5		0.822	
盐酸硫胺素	0.1	0.5	1.0	5.0	10.0	1.0	1.0	1.349	
甘氨素	2.0	2.0				2.0			
D-泛酸			2.5						
半胱氨酸			10						
尿素			200						
氯化胆碱			0.5						
蔗糖/(g/L)	30	40	20	30	20	50	10		10
葡萄糖/(g/L)								21.62	
pH	5.7	5.8	5.8	5.8	5.5	5.8	5.8	5.0	

附录 4　等渗 PEG 浓度表

NaCl 浓度/(mmol/L)	等渗 PEG 4 000 浓度/(mol/L)	等渗 PEG 6 000 浓度/(mol/L)
50	0.023 6	0.019 0
100	0.032 5	0.025 0
150	0.039 2	0.029 1
200	0.044 6	0.032 3
250	0.049 3	0.034 9
300	0.053 4	0.037 2
400	0.060 4	0.040 9
500	0.066 2	0.044 0
600	0.071 2	0.046 6
700	0.075 5	0.048 9
800	0.079 3	0.051 0

注：该等渗 PEG 浓度是实验室经多次实验并结合公式计算所得，不同公司生产的 PEG 其分子量略有区别，导致浓度略有变化，用户可通过渗透压计测定后进行微调。

附录5　实验报告范文

范文一

姓　　名＿＿＿＿＿＿　　班　　级＿＿＿＿＿＿

课　　程＿＿＿＿＿＿　　实验日期＿＿＿＿＿＿

题　　目 叶绿体色素提取分离及理化性质的鉴定(基础实验)

教师签字＿＿＿＿＿＿　　得　　分＿＿＿＿＿＿

一、实验原理

叶绿体中含有绿色素(Chl a 和 Chl b)和黄色素(胡萝卜素和叶黄素)。这两类色素均不溶于水,而溶于有机溶剂,故常用酒精或丙酮等提取。提取液可用色层分析原理加以分离。因吸附剂对不同物质的吸附力不同,当用适当溶剂推动时,不同物质的移动速度不同,便可将色素分离。

二、材料与用品

新鲜的菠菜。

大试管、电子天平、研钵、剪刀、量筒、漏斗、分液漏斗、软木塞、烧杯、滤纸、小试管(若干)、分光计、酒精灯、移液管、电吹风、毛细管。

乙酸铜、KOH 甲醇溶液、苯、汽油、盐酸、95%乙醇、$CaCO_3$、石英砂。

三、实验步骤

1. 取 2 g 菠菜叶,加入 5 mL 乙醇,再加入石英砂和 $CaCO_3$ 各少许经研磨后加入 10 mL 乙醇。

2. 将 1 中所得液体过滤,对滤液作如下处理。

(1) 用毛细管取少许在滤纸上点样,然后在汽油中层析。

(2) 取 3 mL 于试管中在光下观察反射光及透射光。

(3) 各取 1 mL 于两支试管中,一支放光下,一支暗中 2 h 后观察颜色有何不同。

(4) 取 1 mL 于试管中加浓盐酸观察颜色变化,再加进乙酸铜并加热后观察颜色变化。

(5) 取滤液 5 mL 于分液漏斗中,加入 2 mL KOH 甲醇溶液,摇匀,2 min 后再加 5 mL 苯,摇匀,静置分层(上层黄色,下层绿色)分别观察吸收光谱(如果分层处呈油珠状,可加水少许)。

四、结果与分析

1. 叶绿体色素纸层析结果：第一条(由上至下)为橙黄色胡萝卜素，量少；第二条为鲜黄色叶黄素，量多于前者；第三条为蓝绿色 Chl a，量最多，第四条为黄绿色 Chl b，量次于第三条。

2. 叶绿体色素提取液的透射光为绿色，因绿光不被吸收而透过；而反射光为血红色荧光。

3. 强光下叶绿体色素提取液为褐绿色，而黑暗中的为鲜绿色，因光对叶绿素有破坏作用。

4. 叶绿体色素提取液加盐酸后显褐绿色，因氢取代了叶绿素头部的 Mg^{2+} 所致；而后加乙酸铜并加热后显蓝绿色(因 Cu^{2+} 取代了 H^{+})。这是浸制植物标本时常应用的方法。

5. 自然光呈七色；叶绿体色素提取液在红光和蓝紫光区域有明显吸收带；黄色素的吸收带在蓝紫光区域，而绿色素的吸收带分别在蓝紫光和红光区(640～660 nm)；由此可见，对光合作用最有利的光是红光和蓝紫光。

6. 研磨时加石英砂可以增加摩擦力，使研磨充分且省时；加 $CaCO_3$ 以中和细胞中的酸防止 Mg^{2+} 被 H^{+} 取代。

范文二

姓　　名 ____________　　　　**班　　级** ____________

课　　程 ____________　　　　**实验日期** ____________

题　　目 盐分胁迫对玉米幼苗生理生化的影响(综合实验)

教师签字 ____________　　　　**得　　分** ____________

一、实验原理

详见实验 20、29、64、66。

二、材料与用品

取籽粒饱满大小均匀的玉米种子 100 粒，使其吸胀萌发，待长至 3 叶期，分别移栽到装有洗过的沙子的塑料盆中(每盆 3 株)。分为 A、B 两大组，每组各 12 盆，A 组以 Hoagland 溶液浇灌，B 组以 Hoagland 培养液＋100 mmol/L NaCl 溶液浇灌，放在相同条件下培养，7 日后分别测定各项指标。

三、实验步骤

1. 质膜透性的测定详见实验 64。

2. MDA 含量的测定见实验 20。

3. SOD 活性的测定见实验 66。

4. 光合速率的测定见实验 29。

四、结果与分析

1. 盐胁迫下质膜透性加大　由步骤 1 中所得结果可知 B 组比 A 组质膜透性加大。当外界盐浓度增大时,由于离子的胁迫作用,使细胞膜功能发生改变,出现渗漏,细胞内电解质外渗。由于透性的改变,进而影响细胞内的各种生理代谢过程,代谢过程的改变又会进一步作用于膜的结构功能。

2. 盐胁迫下膜脂过氧化加强　由步骤 2 A、B 两组比较可知,B 组较 A 组 MDA 含量高。MDA 通常作为膜脂过氧化的指标,且 MDA 含量的增加与膜透性增加显著相关。这说明在盐胁迫下膜脂过氧化增加是膜伤害的一个重要原因。

3. 盐胁迫下 SOD 活性明显下降　在 MAD 含量增加的同时,体内 SOD 活性明显下降(由步骤 3 所得结果可知)。有资料报道,用外源自由基清除剂(VE、二苯胺)等处理,不同程度地降低了 NaCl 所诱导的 MDA 含量;当用 SOD 抑制剂(二乙基二硫氨基甲酸)处理,可进一步提高 MDA 含量。由此可以认为,NaCl 胁迫所诱导的伤害原因之一是通过降低 SOD 活性。削弱清除自由基的能力,促进了膜脂过氧化作用,从而使膜的结构和功能破坏,导致代谢紊乱。

4. 盐胁迫下光合速率下降　由步骤 4 中两组结果比较可知,盐胁迫导致光合速率下降。其原因目前归纳为 3 种观点:一种观点认为,NaCl 引起光合作用的降低,是由于 NaCl 引起叶绿体脱水,并降低了希尔反应和光合磷酸化,光系统Ⅱ对 NaCl 敏感;第二种观点认为 NaCl 对光合作用的抑制是通过引起气孔的关闭,减少 CO_2 进入体内,即气孔效应的限制,同时 NaCl 使碳同化过程中的有关酶活性受影响,从而影响光合速率;第三种观点认为,盐分对光合作用的抑制与植物叶片色素平衡失调有关,在盐渍环境中,盐分破坏了细胞中色素-蛋白质-类脂复合体的结合强度,并降低了叶绿素和其他色素的含量。

除上述分析外,盐胁迫对植物的伤害是多方面的,因本实验未涉及,在此不再赘述。

参 考 文 献

蔡庆生，2013.植物生理学实验.北京：中国农业大学出版社.

董建国，李振国，1983.乙烯生物合成中间体1-氨基环丙烷-1-羧酸及其丙二酸结合物的测定.植物生理学通讯(6)：46-48.

樊金娟，阮燕晔，2015.植物生理学实验教程.2版.北京：中国农业大学出版社.

高俊凤，2006.植物生理学实验指导.北京：高等教育出版社.

高俊山，蔡永萍，2018.植物生理学实验指导.2版.北京：中国农业大学出版社.

韩玉珍，张学琴，2021.植物生理学实验.北京：科学出版社.

李玲，何国振，2021.植物生理学实验指导.北京：高等教育出版社.

刘萍，李明军，2016.植物生理学实验.2版.北京：科学出版社.

刘庆昌，吴国良，2003.植物细胞组织培养.北京：中国农业大学出版社.

汤绍虎，罗充，2012.植物生理学实验教程.重庆：西南师范大学出版社.

王三根，2018.植物生理学实验教程.北京：科学出版社.

王学奎，2006.植物生理生化实验原理和技术.2版.北京：高等教育出版社.

王正加，2023.植物细胞工程原理与技术.北京：高等教育出版社.

肖浪涛，王三根，2023.植物生理学实验技术.2版.北京：中国农业出版社.

许良政，刘惠娜，2022.植物生理学实验教程——综合设计实验与开放创新实验.北京：科学出版社.

张志良，李小方，2009.植物生理学实验指导.4版.北京：高等教育出版社.

赵世杰，苍晶，2016.植物生理学实验指导.北京：中国农业出版社.

Rai A C, Kumar A, Modi A, et al., 2022. Advances in plant tissue culture: current developments and future trends. Amsterdam: Elsevier Inc.

Bhojwani S S, Dantu P K, 2016. Plant tissue culture: an introductory text. India: Springer.